[美]简·比德尔(Jane Bedell)◎著
付星珂◎译

嗨,你想成为程序员吗

So, You Want to Be a Coder?

人民邮电出版社
北京

图书在版编目（CIP）数据

嗨，你想成为程序员吗 /（美）简·比德尔（Jane Bedell）著；付星珂译. -- 北京：人民邮电出版社，2020.12
（智识未来）
ISBN 978-7-115-54561-9

Ⅰ. ①嗨… Ⅱ. ①简… ②付… Ⅲ. ①程序设计—普及读物 Ⅳ. ①TP311.1-49

中国版本图书馆CIP数据核字(2020)第138734号

◆ 著　[美]简·比德尔（Jane Bedell）
译　付星珂
责任编辑　李　宁
责任印制　陈　犇

◆ 人民邮电出版社出版发行　北京市丰台区成寿寺路 11 号
邮编　100164　电子邮件　315@ptpress.com.cn
网址　https://www.ptpress.com.cn
三河市中晟雅豪印务有限公司印刷

◆ 开本：690×970　1/16
印张：12.75　2020 年 12 月第 1 版
字数：182 千字　2020 年 12 月河北第 1 次印刷
著作权合同登记号　图字：01-2019-8020 号

定价：59.00 元

读者服务热线：(010)81055410　印装质量热线：(010)81055316
反盗版热线：(010)81055315
广告经营许可证：京东市监广登字 20170147 号

内 容 提 要

你想成为程序员吗?

你想知道程序员的具体工作有哪些吗?

你想知道哪些技能对程序员来说十分重要吗?

计算机代码已经成为人们日常生活中不可或缺的一部分，就像文字一样，即使你不知道！在你的手机、平板电脑、计算机或游戏机的屏幕后面，隐藏着一种秘密语言，它可以让一切正常工作。无论你是想为3D打印机创建设计程序，还是想保护数字信息免受网络的攻击，都需要借助计算机代码的力量。这本书将真正帮助你探索程序员的职业生涯，告诉你视频游戏开发者、计算机动画师、软件工程师等具体做什么工作，机器语言、网站编码器等都是什么，以及编程界知名和有影响力的人物的故事，如计算机之父查尔斯·巴贝奇、世界上第一位计算机程序员奥古斯塔·阿达·金。此外，作者通过采访业内的许多佼佼者、年轻的程序员以及利用课余时间学习编程的学生，赋予了本书更多的实用性。

本书适合对程序员的具体工作感兴趣的读者阅读。

如果我们希望美国在未来的国际竞争中保持领先地位，
那么我们就需要像你这样的年轻人，
我们需要你掌握创新性的工具与技术，
这样一来，我们就有能力创造一切、改变一切。

——巴拉克·奥巴马，会编程的美国总统

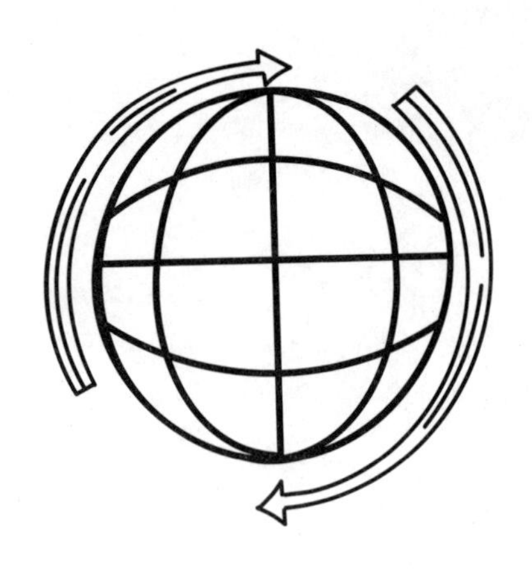

目 录

初探编程职业

问题： 在你的印象中，什么是计算机硬件？

答案： 硬件是计算机的组成部分之一，是我们看得见摸得着的实体零件！

恭喜你！你刚刚做出了一个非常棒的选择。在你阅读的这本书中，我们将为你介绍一个充满激情与挑战，同时还能获得高收入的新兴职业！

当我们谈论编写计算机程序代码这个话题的时候，你可能会联想到设计一个充满着勇士、英雄、怪物、巨魔首领的酷炫多媒体游戏，制造一个可以帮人们遛狗并清理垃圾的居家机器人，研发在火星上开拓人类“殖民地”的航天器，等等。如果你认为将计算机程序员作为你的职业选择很合适，那么你就很有可能真的会实现这些梦想。

今天我们所工作和生活的社会，有很多方面十分依赖计算机程序。从可以计算简单整数加减法的第一台计算机，到帮助菲莱着陆器（欧洲航天局在 2004 年发射的彗星探测器）在以 17000 千米 / 小时的速度飞行的彗星上降落的计算机程序，计算机程序员一直是这个世界变革与创新的直接推动者。

在当下的互联网时代，从食品生产商到运动服饰制造商，每家公司都是

一家技术型公司。企业需要建设网站来推广他们的产品，银行需要新的方法来保障客户们的交易安全，政府需要为各个组织部门分发每日新闻与通知。每个人都希望能随时随地欣赏清晰流畅的影视节目，个人隐私得到合法的保护，寄出的包裹能快速且安全地到达目的地。

现在已经出现了没有驾驶人，完全依靠人工智能驾驶的玩具赛车！它们不需要人为预先设置轨道和线路，也无须配备远程遥控器。这些赛车能够判断其他车辆的运动轨迹，独立进行思考并与其他车辆竞赛。美国安琪公司（美国高科技玩具公司，成立于2010年）联合创始人兼首席执行官鲍里斯·索夫曼指出："这些玩具赛车内部安装了计算频率为50兆赫兹的微型计算机，能以每秒大约500次的速度感知周围环境。它们不仅能实时判断自己所在的位置，还能与其他车辆相互通信。"

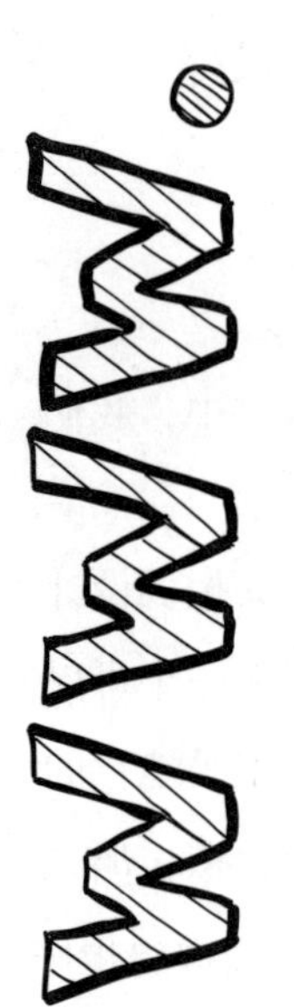

那么什么样的职业才能做到上述事情呢？你已经猜到了？对，这就是计算机程序员。因为行业内缺少训练有素且能力出众的程序员，而各个企业对于这一职业的需求正在飞速增长，所以这恰恰就是属于你的机会。如果对你而言，计算机程序员这个职业非常对口，那么你一定不会面临失业的困扰。

优秀计算机程序员需要具备的五大特质

想要进入程序设计的世界，首先要了解如何成为一名合格的计算机程序员。作为一名优秀的程序员，你应该乐于思考各式各样的问题，探索新的解决方法，并敢于质疑一切。你必须学会倾听并采纳外部建议，了解如何进行时间管理。以下是每个程序员都需要具备的重要特质。

<勇气/>

如果你害怕研究无法读懂的代码，那你就需要勇气！在学习的道路上你并不孤单。学习编程的过程就像学习任何新语言一样，你可以从基础知识入手，并在此基础上不断提高，直到能熟练使用这门语言。勇气能鼓励你去面对未知的恐惧，帮助你顺利通过学习任何技能所必经的试错阶段。

<创意/>

你应该是一个富有创造力的人。如果你在观察事物方面有新奇独特的视角，在解决问题方面有全新的创意和方法，那么编程这份工作可能就很适合你。在编写代码时，你有许多不同的方法可以选择，最终解决问题并完成工作。如果你喜欢解决问题并不断探索最优的解决方案，那么你可以利用自己的才能编写出运行高效、语法优雅、可读性强、易于维护的计算机程序。

1949 年，大众机械公司预测："埃尼阿克（ENIAC，世界上第一台通用计算机）这样的计算机采用了 8000 根真空管，净重达 30 吨；未来的计算机可能只需要 1000 根真空管，质量也仅有原来的一半。"但他们没有预测到，晶体管和集成电路的发明，大大减小了下一代计算机的尺寸和质量。

<逻辑/>

你应该进行严谨的思考，尽可能不犯错误。要成为优秀的计算机程序员，你还必须学会逻辑化思考。计算机程序的运行遵循着一套基本的逻辑规则，因此优秀的计算机程序员一定也是逻辑严谨的思考者。他们用逻辑化的思考过程，为每个问题寻找解决方案。为此计算机程序员们会遵循既定的程序设计规则，从而制订合理的工作计划。他们将一个大问题分解成许多独立的小问题，用计算机编程语言来开发解决方案，依次解决这些问题。

十倍速工程师（10Xers）是编码行业中形容超级巨星工程师的荣誉头衔。这些明星级工程师能够快速编写出优秀的计算机程序代码，他们编程的速度可以达到普通同事的 10 倍，甚至更快。

<激情/>

程序员都必须具备工程师一般的建设精神。他们热衷于构建和分析事物，质疑过程并解决问题。他们对于工作的激情可能会让其他人感到震惊。在其他人打高尔夫球，或在海滩漫步的时候，计算机程序员们却一直在努力工作。有了这股发自内心的激情与热爱，你在编写代码方面的前进步伐将势不可当。

<耐心/>

耐心是克服学习中的困难所必需的。如果没有耐心，你很快就会丧失继续努力的动力。这就像学习演奏乐器或写长篇故事一样，耐心是成功的必要条件。即使因为激情消退或遭遇困难而沮丧，耐心也会让你重新振作起来。

“计算机”（computer）这个词的由来

1613 年，“computer”（计算机）这个词被引入了英语词典。它是从法语单词“compute”引申过来的。而法语中的这个单词最早来源于拉丁语，其原意是“计算、总结、估计”。

最初，“计算机”这个词被用来描述与数字打交道的工作者。然而，大约在 19 世纪晚期，机器在数字工作方面开始超越人工，能够更快、更精确地完成大量数字运算工作。于是，这个词迅速从描述一群特定的工作者，转变为描述专门用于计算的机器。

聚焦阅读

计算机之父——查尔斯·巴贝奇（1791—1871）

查尔斯·巴贝奇于 1791 年 12 月 26 日出生于英格兰。在他 8 岁那年，持续发热的怪病一直折磨着他。他的父母为了帮助他早日康复，将他送往英格兰南部地区接受教育。但持续恶化的身体状况迫使他中断了学业，只能回到家中接受家庭教师的辅导。

在家庭教师的指导下，巴贝奇学习了很多科目，其中包括数学。1811 年，他进入剑桥大学三一学院继续进修。在三一学院学习时，他主导创立了分析学会，该学会推动了数学在英国的发展，并引导大家不再教授或学习牛顿数学，这在当时甚至成了一股学术潮流。

1816 年，他入选英国皇家学会，这是一个致力于研究数学、工程科学和医学的学会。他还在 1820 年参与建立了英国皇家天文学会。

巴贝奇在 1821 年发明了差分机，这是第一台能够快速准确地完成简单数学计算的计算机。在政府补贴的支持下，他开始设计制造大型差分机。他预计在完工后，这台机器将成为全世界第一台真正可用的自动化计算器。不幸的是，所有投入的资金在 1832 年全部耗尽，但差分机还是没造出来。于是，在支持了 10 年后，政府不得不终止赞助这个项目。

在设计了差分机后，巴贝奇计划重新投入时间和资金，设计一台更好的计算机，这就是分析机。这台机器不仅可以执行特定的计算任务，还可以进行任何类型的数学计算。遗憾的是，分析机也没有完全竣工，但它具有与现代计算机相同的设计要素。

在 1828 年到 1839 年期间，巴贝奇担任了剑桥大学卢卡斯数学教授。他同时还主导成立了皇家统计学会，并游说政府官员和社会上流人士对数学研究进行赞助。

今天，他设计的原型计算机仅有很少一部分被保留了下来。1991年，伦敦科学博物馆依据巴贝奇当年的设计图纸，完成了差分机第二部分的制造，我们这才有机会看到这个由4000多个零件组成的重达3吨的计算设备。

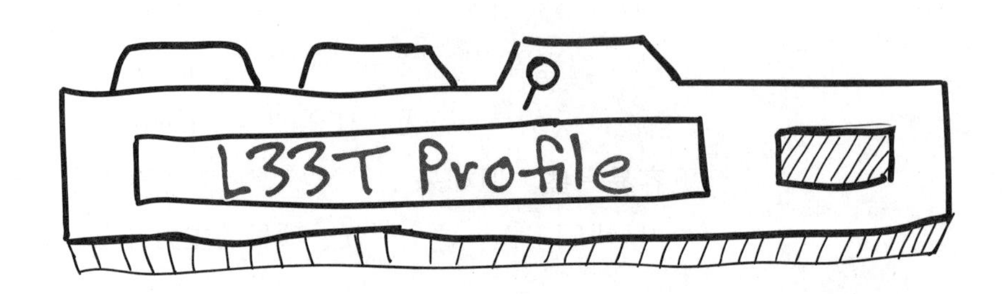

姓名：凯莉·克拉克

工作：软件工程师，工作于美国国家航空航天局（NASA）喷气推进实验室

你是从什么时候开始对编写计算机程序代码感兴趣，并决定将其作为你职业生涯的发展重点的？

我记得在七年级的时候，教室里就配备了计算机。20世纪80年代那个时候，计算机可是新鲜事物。我有机会报名并学习了一门讲授LOGO（一种计算机编程语言）的选修课程。我记得那时我还编写了一个程序：在计算机屏幕上显示我名字的草书。后来，我选择前往位于圣何塞的威廉·C.奥弗特高中就读，因为这所高中有一台使用磁带驱动的计算机。我花了很长时间说服我的父母，让他们支持我择校的决定。后来，事实证明我是对的。这所学校有着很棒的老师，至今我们还保持着联系。在这所高中学习期间，我学习了两种编程语言——BASIC和Pascal。后来我前往加州大学伯克利分校，选择攻读计算机科学专业的学士学位。在大学期间，我学习了汇编语言、C、C++等编程语言。1996年我大学毕业时，正是计算机技术繁荣时期。毕业之后，我选择前往惠普公司工作。

你是通过怎样的教育/工作途径，获得NASA的工作机会的?

2000 年，我的丈夫听说了 NASA 喷气推进实验室（JPL）招聘的消息。那时我正在安捷伦公司工作。安捷伦公司是一家从惠普公司拆分出来的新公司。JPL 的部门经理收到了我的简历，并对我进行了几次面试。

在部门经理的面试中，我觉得我回答得最好的问题是：你最喜欢的编程语言是什么？我当时的回答是：编程语言的选择完全取决于当前的具体业务。如果它是一个仅需小工具就能解决的简单问题，使用 Shell（Linux 系统中的批处理脚本）或 Perl 会更容易一些。但如果是一个需要维护多年的大型项目，那就需要一个庞大的团队协同工作。这个时候，项目的主力开发语言选择 C++ 或 Java 可能会更加合适。

编程语言可以教授，但思维能力和个人的工作态度则需要不断地自我调整和改善。

你平时的工作内容主要包括哪些呢?

在惠普公司和安捷伦公司工作的时候，我绝大部分的工作内容是编写软件程序，偶尔需要参加一些会议。

我在 JPL 的职业生涯分为多个阶段，各不相同。刚刚入职的一段时间，我主要从事用户支持和故障排除。那时，我的大部分时间都花在程序设计、编写代码、业务衔接和沟通上（从同事代码评审到页面设计评审，从软件测试到技术研发）。入职后不久，我就成了任务分析控制子系统的工程师。这个复杂的子系统是由许多用不同语言编写的工具所组成的。这意味着我的工作时不时就会被打断，因为我必须随时回答关于这个子系统领域的任何业务问题。

随着时间的推移，我发现我更喜欢软件操作方面的工作，即在特定的工作环境下操作软件。我发现这更加有趣。这种操作不仅能减少我的编程工作，而且我能弄清楚用户在实际工作中真正需要什么，并将其传达给其他软件开发人员。

现在我的工作角色主要有两个。一个是经理角色，我把大部分时间花在了会议上。由于会议会涉及地面软件测试、集成和部署等诸多领域，因此我需要将很多人召集在一起，了解每一个项目的最新工作进展。该软件旨在供所有 NASA 机器人使用，而不仅仅局限于 JPL。

现在，我正逐步脱离经理这个团队领导的角色，转而去执行欧罗巴（木卫二）任务。欧罗巴是木星的众多卫星之一，因表面被冰层覆盖而被称为木星的冰月，但我们认为这颗星球可能拥有生命。我是欧洲地面系统软件团队的领导者。我的工作任务是与其他团队合作，确保开发出火箭发射过程中所有需要使用的地空通信软件系统，为航天器团队提供各种工具，帮助他们分析来自空间探测器的数据。

能介绍一下你所参与的卡西尼–惠更斯号任务吗?

2000 年，我加入 JPL 的第一天就开始参与卡西尼 – 惠更斯号任务。卡西尼号已于 1997 年发射，并于 2000 年 12 月底飞掠木星。2004 年 7 月，我为飞入土星轨道的卡西尼号提供了技术支持。2004 年 12 月 25 日，惠更斯号探测器与卡西尼号分离，并于 2005 年 1 月 14 日着陆。

尽管我为那些关键任务节点提供了帮助，但这些工作基本上都属于幕后支持。我主要帮助团队进行设备测试，测试流程主要包括：在实验室中搭建测试环境，对即将要发送到航天器上的每一个命令进行测试验证。我的工作包括编写小型软件工具、对接现有工具、组织自动化软件等。所有这些环节都集中于测试航天器数据的上传和下载情况。

能谈一谈你参与的火星探测车任务吗?

在我们的火星探测车发射并成功着陆火星之后，我于 2003 年加入火星探测车任务。两辆火星探测车分别被命名为“勇气号”和“机遇号”。在任务中，我努力确保所有团队成员都能实时收到航天器回传给地面站的数据。

当勇气号于 2004 年 1 月 4 日着陆时，我正在摄影机房后面的房间里工作。我们团队一起经历了航天器着陆的“恐怖 7 分钟”。这 7 分钟是非常非常紧张且激动人心的时刻！当得知着陆成功时，我进入摄影机房与团队的其他成员一起欢呼起来，然后又立即回到自己的工作岗位上。

机遇号在火星着陆的前几天，勇气号出现了一些故障。就在我值班的那天晚上，勇气号向地球的数据回传工作突然中断。一段时间过后，我们发现它并没有进入原本预期的休眠状态，而是在原地浪费电池。我们面临着任务失败的风险。最终，技术团队设法让它进入了一个可以自我恢复的安全状态，从而暂时度过这场危机。

机遇号于 2004 年 1 月 25 日成功着陆。按照我们的任务计划，每一辆火星探测车都应该在星球上持续工作不少于 90 个星球日（也就是 90 个火星日），这是我们在探测任务中需要达到的首要指标。尽管这些探测车能够续航更长的时间，但最终它们的太阳能电池板会被灰尘覆盖，这会导致探测车没有足够的电力来保障自身温度和系统的正常运行（火星表面的平均温度仅为零下 63 摄氏度，非常寒冷）。幸运的是，火星风能把灰尘吹到太阳能电池板上，也一样能把灰尘吹走。因此风向对每个人来说都可能是惊喜。勇气号因为车轮的问题被困在了原地，我们无法让它进入吸收太阳能（太阳和风向）的优良区域。2010 年 3 月 22 日，我们团队最后一次收到来自它的信号。这比我们预计的待机时长长了大约 6 年的时间。截止到今天（2015 年 5 月 1 日），机遇号仍在辛勤工作。它已经在火星上度过了超过 4000 个火星日，行驶总距离超过了一场全程马拉松比赛的距离（42 千米多）。

对于勇气号和机遇号，我主要负责在其他人运行软件时提供操作支持，帮助他们解决问题，提供数据和其他软件相关问题的指导。

由于其他的一些原因，我在这个任务进行到第 90 个火星日的时候就退出了。在任务开始时，整个团队保持着全天候轮班工作的状态（一周 7 天，一天 24 小时），之后我们才慢慢转向人性化的地球时间。我们的团队以地球时间为准进行全天候工作，而大多数其他团队实行火星时间的工作制度。因为火星上的一天比地球的一天要长大约 40 分钟，所以他们并不需要太多的人力，我也需要回到卡西尼 – 惠更斯号任务中去，这个任务很快就要进入关键节点了——探测器即将进入土星轨道。

你在好奇号火星漫游车任务中主要扮演什么样的角色呢？

在加入火星科学实验室（后来更名为“好奇号”）项目之前，我有很短的一段时间仍在进行勇气号与机遇号火星探测车的项目。对我来说，好奇号既是一个了不起的航天器项目，它本身也是一个了不起的研发项目。从事好奇号相关工作的一大亮点是：我有机会和好奇号的建造、发射、着陆、保障团队成员一起工作。

为了发射成功，我时时刻刻都待在实验室里。我必须明确“执行”或“不执行”某些指令。这取决于地面软件端（地球上的控制软件）是否已准备好启动。我们在工作中不得不一直盯着监视器，直到离发射时间还有大约 30 秒的时候，项目负责人让我和其他人到办公室（我们在佛罗里达州的肯尼迪航天中心）外面去观看发射。我很高兴看到在过去 4 年中我们紧密合作的成果从这里起飞！我认为没有什么事情比 2011 年 11 月 26 日的发射任务更酷了。

但是好奇号前往火星项目的工作也是十分忙碌的。我们进行了多次在火星上着陆的模拟训练，但没有一个团队的着陆能做到完美无缺！而我又恰好有多个团队需要监督，包括运行上行 / 下行通信软件的团队，以及向好奇号发送执行命令的团队等。

2012 年 8 月 5 日的着陆计划在太平洋时间晚上 10:30 进行。这真是一次戏剧性的经历。对我来说，着陆的关键 7 分钟比在勇气号和机遇号项目中经历的要更可怕。由于好奇号体积庞大，着陆机制和之前的项目相差很大，我花了 5 年而不是 5 个月来制订这项任务的相关计划，同时我一直在努力确保所有可能发生的情况都已事先被考虑到位，但是那天晚上仍有工作要完成。我们预计会有许多人上网观看我们的直播，但实际上好奇号在当时受关注的程度超出了我们的估计。最终，它以某种我们不知道的方式成功降落在了火星上。当它成功降落时，我感到非常高兴！我建立的所有软件系统都运行正常，我们还展示了好奇号的第一张黑白照片——好奇号在火星上展开了它的轮子。它从下降台出发，安全地行驶到远离着陆点的地方。

总的来说，这是一段了不起的旅程，并且目前好奇号还在继续运转。下一个计划将会是欧罗巴！

在NASA的职业生涯中，你经历的最激动人心的时刻是什么？

1. 好奇号的降落 —— 现在回想起来都令我激动万分；
2. 勇气号的降落；
3. 机遇号的降落；
4. 好奇号火星探测车的成功着陆；
5. 欧洲航天局的惠更斯号登陆欧罗巴。

在目前以男性为主导的程序员行业中，作为一名女性，你有什么感受？

大学时我被男生包围了，我们班当时一共有 94 名同学，而其中只有 4 名是女生。

在 JPL 工作时，按性别分配工作的情况有两种。例如，在火星车的任务分配中，很多自动化团队和着陆团队几乎都是男性，然而，地面软件支持团队中有许多女性。同时，地面操作的规划者和任务团队可能也是女性同事占大多数！

我参加的会议也一直由两种方式主导。在 JPL，性别从来就不是工作或任务的阻碍。无论何时，任何人都可以提出新的想法或意见，我们乐于听取并采纳从新员工到高层人员的建议，没有丝毫性别偏见。大家都有着相同的目标：让我们的航天器工作良好。这样科学家们就可以获得他们想要的数据，并扩展人类对宇宙的认知。

你对未来的计算机编程、NASA或计算机科学行业有何展望和看法？

网络安全问题正在改变我们开展业务的方式。我们从一开始就要把安全性需求加入到每个软件的体系结构设计中，而不是将安全功能作为核心设计的附加和补丁。

对于有兴趣将来从事计算机程序研发的孩子们，你有什么建议吗？

你所掌握的编程语言有时很重要，有时却不那么重要。现在，简历的搜索算法可以进行很高效的模式匹配。如果你对某种特定的编程语言有一定经验，那么用人单位会更快找到你的简历。但是在我看来，批判性思维比掌握编程语言本身更加重要。例如，在一种特定的业务要求下，你知道哪种设计方式可以更好地满足用户的需求。

到目前为止，最重要的技能，也是最难教授的技能，就是在同一个软件研发项目中与其他人合作，倾听并梳理客户的需求与意见。此外，你也应抓住机会，通过实习、假期工作、其他实践活动等来锻炼你的编程技能。软件工程分为很多的领域和类型。在你全职投入之前，应该尽快找到你喜欢或不喜欢的特定方向。总之，享受你的选择，做你最喜欢做的事！

010010010010010010010010010010010010010010010010

计算机的历史

公元前 5 万年：目前可以追溯到的最早的人类计算活动遗迹出现的时间。

公元前 3 万年：人类开始通过在骨头、象牙或石头上刻下凹槽来记录数字。

公元前 300 年：人类制造了现在已知最古老的算板，被称为萨拉米斯算板（19 世纪中叶在希腊萨拉米斯发现），有些像我们今天仍然在使用的算盘。

公元前 150—公元前 100 年：古希腊人发明了安提凯希拉装置（1901 年于希腊安提凯特拉岛上的古船残骸中发现），这是一种古老的计算器，用于预测日食和行星等天体在天空中的位置。

1623 年：施卡德（1592—1635）构建了第一台机械式计算器，能计算 6 位以内的加减法，他给这套装置起名叫“计算钟”。

1642 年：帕斯卡发明了一种齿轮式的加减法计算器。

1679 年：莱布尼茨发明了二进制计算方法，仅用 0 和 1 来表示数字并进行计算。

1820 年：科尔马发明了第一台可靠的并取得商业成功的机

械式计算器，被称为 Arithometer。

1837 年：查尔斯·巴贝奇设计了分析机。这是第一台使用穿孔卡作为内存的计算机。

1842 年：阿达·洛芙莱斯开发出首款计算机程序代码，其中包括了一系列算法和机器指令列表。

1889 年：赫尔曼·何乐礼发明了第一台电动打孔卡片制表机，并证明可以在穿孔卡上进行编码，然后使用机器来进行编码和分类。

1903 年：尼古拉·特斯拉申请了一项名为“门开关的二状态逻辑电路（门电路）”的专利。

1932 年：计算机引入了只读存储器（ROM）。后来，计算机在启动过程中开始使用 ROM。

1936 年：康拉德·楚泽创建了计算机——Z1，这是世界上第一台使用打孔纸带控制的二进制数字计算机。

1936 年：保罗·艾斯勒发明了印制电路板（PCB），这是制造当今计算机主板的先驱级技术。

1937 年：约翰·阿塔纳索夫在研究生克利福特·贝瑞的帮助下，在爱荷华州立大学研发了第一台电子数字计算机——阿塔纳索夫－贝瑞计算机（ABC）。

1940 年：乔治·斯蒂比兹在达特茅斯学院展示了一个复杂的计算机，并首次展示了通过远程访问该计算机的情形。

1943 年：汤米·佛劳斯开发出第一款名为“巨像”（Colossus）的电动可编程计算机，从而破解了第二次世界大战期间德军的加密情报。

1945 年：冯·诺依曼定义了计算机的存储程序框架。他关于电子信息存储的想法奠定了现代计算机发展的基础。

1946 年：康拉德·楚泽设计了世界上第一套编程语言，又被称为指令列表编程语言，名字叫作 Plankalkül 或 Plan Calculus。

1947 年：12 月 23 日，晶体管诞生于贝尔实验室，这是电子时代的重要发明。

1949 年：莫里斯·威尔克斯组装了第一台能够在内存中存储和运行程序的计算机。他还创建了第一个短程序库，称为“子程序”。用户可以利用穿孔纸带对数据进行存储。

1952 年：亚历山大·道格拉斯设计了第一款带有图形显示的计算机游戏，这是一种井字填字游戏。

1954 年：IBM 公司开始销售其第一台量产的计算机——IBM650 磁鼓计算机，一年内卖出了约 450 台。

1955 年：旋风计算机（Whirlwind Machine）不仅是第一台具有实时图形渲染功能和磁芯随机存取存储器（RAM）的数字计算机，还是第一台引入了真空管的计算机。它比以前的计算机更小，运算速度更快，而且更加可靠。

1960 年：在美国，已经被投入使用的计算机超过了 2000 台。

1962 年：3 位麻省理工学院的学生研发了《太空大战》(*SpaceWar*！)，这是第一款在计算机上运行的射击游戏。

1967 年：软盘开始被用于计算机的程序安装和数据备份。

1967 年：沃利·费尔泽格和西摩尔·派普特创建了 LOGO 语言。这是世界上第一种为儿童研发的编程语言，旨在通过游戏的方式帮助孩子们解决简单的编程问题。

1968 年：惠普公司开始销售 HP 9100A，这是第一款大规模上市的台式个人计算机。

1971 年：英特尔公司推出了第一款微处理器。

1971 年：第一封电子邮件被成功发送。

1971 年：第一个语音识别程序诞生了。

1975 年：比尔·盖茨和保罗·艾伦创立了微软公司。

1975 年：国际商业机器（IBM）公司推出了第一台便携式计算机。它的质量为 25 千克，显示屏大约为 13 厘米，内存为 64KB。

1979 年：美国已经有超过 50 万台计算机被投入使用。

计算机原型之母

1968 年 12 月 9 日，道格拉斯·恩格尔巴特在旧金山举行的秋季联合计算机大会上，展示了一台功能齐全的在线工作站。他长达一个半小时的演讲吸引了 1000 多名在场的计算机专家！

在大会上，他向观众们展示了自己全新的设计，例如窗口、菜单、图标、图像处理、文件链接、超文本、对象寻址、使用音频和视频完成的跨屏共享与协作、能控制版本的实时文档编辑器，以及新一代交互设备——鼠标。人们所熟知的现代计算机上的每一个要素首次被整合在一个系统里，完整地面向公众展示。

恩格尔巴特的展示影响了 20 世纪 70 年代施乐奥托的设计，继而推动了苹果公司麦金塔（Macintosh，简称 Mac）计算机、八九十年代 Windows 图形界面操作系统的研发。

在此后的 50 多年中，恩格尔巴特的设计展示仍被公认为是计算机历史上最重要的事件之一。

1981 年：第一个计算机软件程序专利获得批准。

1982 年：第一个数据存储光盘在德国被发明。

1983 年：在美国，用于工作中的计算机的数量已经超过 1000 万台。

1986 年：由 IBM 公司研发的 PC Convertible 问世，质量约 5.4 千克，这是世界上第一台笔记本电脑。

1994 年：IBM 公司推出世界上第一款可读取光盘的笔记本电脑 —— ThinkPad 775CD。

2007 年：美国苹果公司推出了全新的移动通话设备——iPhone。

2010 年：美国苹果公司推出了手持平板电脑——iPad。

2012 年：树莓派（Raspberry Pi）诞生。这是一款仅有信用卡大小的计算机，它不仅小巧、便宜，而且支持接入各类显示器、标准键盘和鼠标。它旨在帮助更多人学习 Scratch 和 Python 等编程语言。

2012 年：在美国，个人计算机的保有量已经超过 3.1 亿台。

名称：卡雷尔（一只小狗，英文名 Karel）

年龄：3 岁

工作：编程爱好者、网站创始人

你是从什么时候开始热衷于教孩子们学习编程的?

当我刚刚开始学走路的时候，我就对编程充满兴趣。当我发现我还能教其他人学习编程时，我就一直致力于此。所以我也把这当作我一生的事业!

你是如何成为计算机程序的主角的?

呃，这个问题不好回答。我经常被其他人编程，执行他们的命令，也许这些命令来自杰里米或他的朋友。我总想知道，我是否是唯一被编程的对象，也许我们都生活在模拟世界中。

你和你的朋友杰里米·基辛（联合创始人之一）一起去公路旅行并教孩子们编程。你们是如何开始这段旅程的? 为什么这次旅行对你来说十分重要?

我们从两年前就开始了这段旅程。我认为与通过网站学习编程的师生见面非常重要。通过参观当地教室，走访那些参与其中的师生，我们才能确保真正地为他们提供了帮助，而且因为我非常可爱，所以能立刻激发孩子们对编程的兴趣和热情。

能介绍一下你参观过的学校吗?

学校之间存在很大的不同。有不同规模、不同类型的学校，比如城市学校、乡村郊区学校和家庭学校。但我认为，这其中差异最大的也是最有趣的事情是: 不同的学校会带给你完全不一样的文化氛围和学习感受，有些管理非常严格，而有些几乎让学生为所欲为，可见不同的学校有不同的办学方法和价值观念! 但每所学校都有很多令人惊讶的喜欢编程的孩子!

在教孩子们编程的过程中，你最享受的是什么?

我认为最激动人心的时刻莫过于孩子们茅塞顿开。他们会很兴奋地和我分享他们在计算机上的作品，就像有人挠我的肚子一样，是一种很棒的体验。

听说你们还有一个记录旅行的网站，能和我们分享一些你去过的地方吗？

除阿拉斯加州以外，我们现在几乎去过美国所有的州。我迫不及待地想要前往阿拉斯加州，但我听说那里有很多蚊子，我不喜欢蚊子。我最喜欢去的地方是纽约和阿肯色州的小石城。我很想去拉什莫尔山，以及黄石国家公园的老忠实喷泉。我也由衷地喜欢待在面包车里，一站一站地旅行。因为在那些日子里，我能收获杰里米全部的注意和关心。

0100100100100100100100100100100100100100100010

小测试

你适合编程吗？

1．你喜欢解谜类游戏吗？

A. 我喜欢解谜类游戏。每次有机会我都会用计算机或手机玩。当解出难题时我会充满成就感。

B. 我喜欢解谜类游戏，但只是偶尔玩，有时也邀请我的朋友一起玩。我很享受比赛的过程。

C. 只有朋友邀请我一起玩时，我才会接触解谜类游戏。

2．当你面对大量的家庭作业时，你会

A. 将作业分成更小的部分，并一次专注于完成一部分。

B. 先做有趣的部分，然后尽快完成剩下的。

C. 觉得不知所措，有时很难完成所有的作业。

3．你会在乎小细节吗？

A. 虽然有时细节会让我不知所措，但我总是会注意到最小的细节。

B. 我能注意到细节，但我希望自己更像是一个不拘小节的大人物。

C. 细节？我不喜欢那些会让我失望的小细节。

4. 正确性对你而言有多重要？

A. 第一次尝试就要做正确，我总是仔细检查，以防万一。

B. 我不介意重新纠正我的错误。正确很重要，但不能因此牺牲我的其他想法。

C. 我想要做正确，但不能过分关注正确性，那样会让我没有创造力。

5. 你花了 3 天时间制作一件作品，然而在第一次试用自己的作品时它就坏掉了，你会

A. 分析出了什么问题，然后再试一次。失败是最好的老师。

B. 从头开始，重新启动项目，当那 3 天时间是浪费掉了。

C. 将作品拿给朋友，看看他们能否提供帮助。

6. 你喜欢使用计算机吗？

A. 是的！我经常一个人使用。

B. 有时候会用，我发现计算机是很有用的工具。

C. 我只在必要的时候使用计算机。

7. 你如何看待花费数百小时学习计算机编程？

A. 已经搜集了拥有最佳计算机课程的大学名单，我等不及了。

B. 我更愿意自学，或参加技术培训班来进行学习。

C. 我觉得很单调，没什么意思。

8．你如何与其他人互动？

A. 我喜欢独自工作，但我能够理解关键时刻需要与他人共处并团结一致。

B. 我可以独自工作，但我更喜欢与他人合作并建立共识。

C. 当有机会和其他人一起工作时，就是我最开心的时刻。

回答解析

如果你的答案大部分是 A：继续以计算机程序设计工程师为目标前进。

如果你的答案大部分是 B：你一样可以在程序设计领域成功，但请对计算机科学之外的其他领域保持开放的态度。

如果你的答案大部分是 C：可以在计算机领域工作，你需要专注于如何使用计算机软件，但不必亲自去编写软件。

接受编程教育

问题： 你会怎么称呼来自斯堪的纳维亚半岛（欧洲西北部文化区）的程序员？

答案： 他们简直就是一群书呆子！

2014 年，英国教育部门开始在本国公立学校的各个年级试行推广计算机编程课程。从 5 岁开始，学生将逐步学习编写计算机程序所需的逻辑理论和推理技巧。英国的教育工作者认为，理解计算机工作的原理，对于 21 世纪的新生一代年轻人来说必不可少。这同样也是他们推广外语和乐器教学的原因。

相比之下，美国的教育落后了吗？很多人认为答案是肯定的！美国只有不到 10% 的高中向学生讲授高级计算机科学课程。美国劳工统计局和某非营利性组织的统计数据显示：到 2020 年，美国就业市场将会出现巨大的计算机行业岗位缺口，预计比同期毕业学生的人数还多 100 万。如果州立学校忽视了这一岗位需求，那么成千上万的高薪工作将会落到其他国家求职者的手中。

这对你来说意味着什么？致力于此，接受培训。万事俱备后，就会有一份完美的工作等待你的加入。

这也是许多参加机器人世界杯足球赛（RoboCup）的年轻程序员和机械工程师想知道的：到目前为止，最酷的机器人是什么样的？当然是和人类一样，能用两条腿踢足球的机器人。现在，研发机器人足球运动员已经成了机械工程和计算机编程领域的重点项目，程序员的终极目标是制造足以对抗人类，并在 2050 年赢得 FIFA 世界杯冠军的机器人运动员。

姓名：路易丝 · D. 斯丁内特

工作：高级系统程序员和分析师（已退休），曾经任职于科尔曼 · 道格拉斯集团

你是从什么时候开始对编写计算机程序代码感兴趣，并决定将其作为你职业生涯的发展重点的？

20 世纪 60 年代中期，我在一家保险公司担任精算师职务，这是一个应用数学、会计学、统计学和其他相关信息来帮助公司发布不同风险政策的岗位。有一天午餐时间，我和同事正在办公室聊天，老板走进来半开玩笑地邀请我们进行计算机编程的能力测试。幸运的是，我在那次测试中得分非常高，并很快发现自己已经学会使用 Fortran 进行编程了（Fortran 是一种基于数学的应用程序设计语言）。

编写程序为我的日常工作节省了大量时间，并为公司节省了大量资金。

在我使用程序之前，我们都需要花好几天的时间，手工使用计算器来解决工作中的计算问题。在使用了我编写的程序之后，计算往往只需要花上短短几分钟就能完成。不久之后，我获得了数据处理部门的实习机会。

“编程一小时”活动

一些教育工作者正在密切关注孩子们学习编程所带来的商业机会。其实，并不是每个人都会成为一名专业程序员。但可以肯定的是，未来每个人的职业生涯或多或少都会受到计算机代码的影响。

为了推动编程教育的发展，某非营利性组织赞助发起了“编程一小时”活动。这个活动需要教师使用网站上提供的工具，为学生组织时长约 1 小时的编程学习课程。该组织还希望向教师、家长、政府决策者推广编程课程，这样他们就可以理解青少年学习编程的重要性。

自该活动发起以来，来自 180 多个国家的数千万名学生参与其中，其中的 48% 为女性。仅 2014 年，就有大约 1500 万名学生参加了“编程一小时”活动。

计算机科学教育周在每年 12 月初都会举办“编程一小时”活动，选择这个日子是为了纪念计算机科学先驱格蕾丝·穆雷·赫柏，她的出生日期是 1906 年 12 月 9 日。

在开始从事编程工作之前，你有哪些教育/工作经历呢？

我一开始从事的工作是会计。当我加入程序员培训计划时，我们公司也并没有一套正式的培训课程。那时，IBM 公司已经设立了一系列非常专业的

培训课程，并来我们公司进行现场教学。IBM 公司提供的教学辅导非常完善，我们从中学到了很多东西。

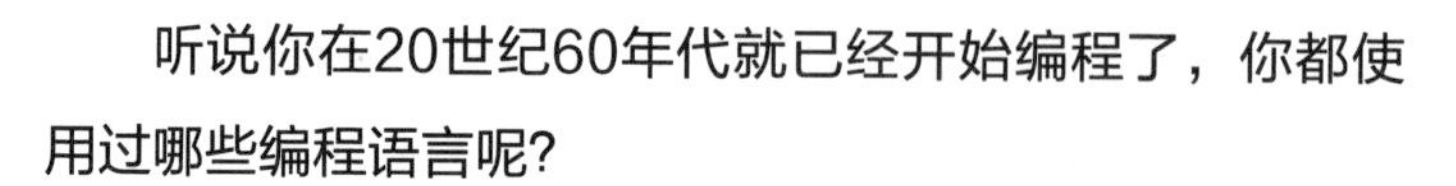

听说你在20世纪60年代就已经开始编程了，你都使用过哪些编程语言呢？

我最初使用 Fortran 进行编程，接下来使用了面向商业的通用语言（COBOL）和作业控制语言（JCL）。记得当我第一次使用 COBOL 编程时，我们最大的可用内存被限制在 28KB 以内。因此当存储空间紧张时，我们就必须重新计算所有指令会增加和更改的字节总量。为防止生成太多数据导致存储空间不够，我们会把一些指令标记为“禁用”。

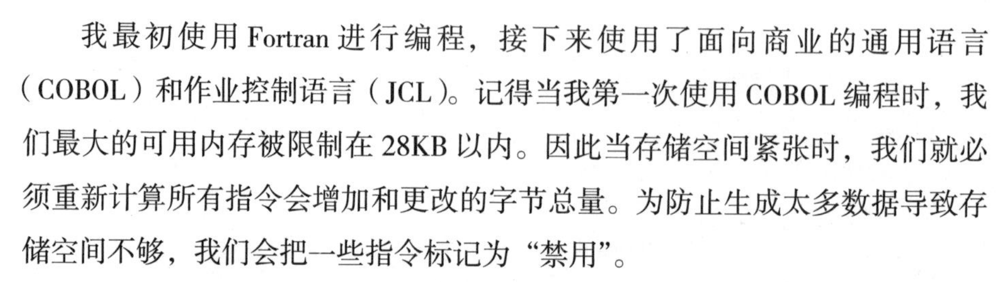

在20世纪60年代编写代码是什么感觉？

那时计算机的机房很大，里面装满了各种大型机器，有磁盘驱动器、磁带驱动器、读卡器、打卡机和计算控制单元。打孔操作员会为我们的原始代码进行打孔，但如果我们自己要做修改，就必须亲自在卡片上打孔。有时候，部分磁盘驱动器的可移动磁盘就和餐盘一样大，一包最少有 5 个那么多。某一天晚上，操作员没有正确地为驱动器安装外部包装，结果整栋大楼都充斥着机器嘈杂的“尖叫声”，驱动器和磁盘包都被毁了。这是一个代价极高的错误。

在20世纪60年代，成为一名女程序员是什么感觉？

在 20 世纪 60 年代，无论职位条件如何，公司都倾向于招聘男性职员。我所要应聘的培训师职位有 3 个名额。当时无论考试排名如何，公司都决定录用 2 位男性和 1 位女性。那时申请这个职位的共有 28 人，其中 20 人是女性，8 人是男性。幸运的是，我在考试中获得了最高分。但在当今社会，职场女性是很幸运的，因为性别歧视的情况很少再出现，国家也有相关的法律来保障我们的求职权益。

无论女性如何努力工作，公司给男性职工支付的工资都远高于女性职工，同时给予男性职工更高的职位和权利。有一次，我的公司希望我培训另外一位男性员工，以便他接管我的工作，而我不得不这么做。在那之后，他得到了我的这份工作和额外的加薪机会！

为什么你最喜欢编写代码?

在编写代码的时候，我觉得最愉快的环节，就是解决问题并提出创造性解决方案的过程。我最讨厌的是因为试图发现一些没有意义的错误而错过程序的发布时间！

01001001001001001001001001001001001001001001001010010

聚焦阅读

玛丽·肯尼斯·凯勒（1914—1985），第一位获得计算机科学专业博士学位的女性

玛丽·肯尼斯· 凯勒出生于 1914 年，曾就读于芝加哥的德保罗大学，先后获得了数学专业学士学位和物理学专业硕士学位。在攻读硕士学位期间，凯勒曾在多所学校进行学习，其中包括普渡大学、密歇根大学和达特茅斯学院。凯勒在达特茅斯学院学习期间，学校破例让她留在计算机中心工作，因为该中心一直以来都只招收男性。在那里，她协助研发了面向初学者的通用符号指令代码——BASIC 编程语言。

在 50 多岁时，凯勒获得了威斯康星大学麦迪逊分校的计算机科学专业的博士学位，成为美国第一位获得该学位的女性。毕业后，她在爱荷华州的克拉克学院任教，并在那里开设了计算机应用教育硕士学位课程。此外，凯勒还创立了计算机科学系，并担任该系的领导长达20年。

凯勒一直对人工智能和计算机的未来很感兴趣，她曾经说过：“这是我们第一次能够模拟人类的认知过程。”我们在研究人工智能的同时，也是在理解人类大脑的学习过程。随着时间的推移，将有更多的学生加入其中，这个领域在未来可能会越来越重要。凯勒写了4本关于计算机科学的书，并对打算进入该领域的女性提供了坚定的支持。她于1985年1月10日去世，享年71岁。

走大学路线：理学副学士（AS，类似我国的大专学历——译者注）、理学学士（BS）或理学硕士（MS）学位

当下的职场，每一个工作机会都对应着企业雇主具体的岗位需求。对某些人来说，计算机科学中的理学副学士学位将使自己获得一个初级工作的机会。对大多数人来说，想要成为合格的程序员，需要至少获得理学学士学位，只有这样，你才能胜任相对复杂的工作。你可以选择一所以其数学或信息技术（IT）课程闻名的大学，因为它可以让你在工作岗位的竞争中更加具有优势。

每个雇主都会对员工的简历感兴趣，对于一家公司来说，聘用经验不足的程序员可能会使其业务承受非常高的风险。这些资历尚浅的程序员不仅需要接受公司的额外辅导和培训，而且可能犯下代价高昂的错误。因此在攻读学位的同时，你需要尽可能多地参加实习，以便磨练自己的编程技能。这些实习经验可能会带给你岗位转正、升职加薪或加入其他更好公司的机会。

美国微软公司推出的探索微软计划（Explore Microsoft）为大一和大二学生提供了为期12周的暑期实习机会，旨在让学生接触软件工具和编程语言，

同时帮助他们规划职业方向。在实习中还加入了实践培训和小组项目环节，这是寻找职位导师、结识在职程序员、了解微软编程社区内部工作的绝佳途径。

如果你想要进入大学继续深造，那么在你选择学习课程时就要考虑以下几点。首先，你希望自己的职业生涯怎么发展？其次，从你最感兴趣的问题开始，继续加大思考的深度，举例如下。

1. 为什么计算机软件程序会按照它的逻辑执行？
2. 这款计算机软件是如何工作的？
3. 什么样的软件最能解决手头上的问题？

请阅读以下说明，看看你选择的问题是否与大学专业课程的设置匹配。请注意，每所大学和各自的学位课程安排都有所不同。如有疑问，请咨询学校顾问或专业老师，让他们帮你选择最适合你的专业。

计算机科学（CS）专业：计算机科学专业的学生对事物的运作方式很感兴趣。作为计算机科学专业的学生，你将学会如何使用多种编程语言来编写代码，并具备相关岗位所需的技能。你还将了解计算机操作系统的工作原理，以及计算机代码的执行方式。这个专业的毕业生致力于继续开发新技术和新产品。

信息技术（IT）专业：主修信息技术的学生对事物的运作方式感兴趣。作为 IT 专业的学生，你将学习计算机如何在办公环境中发挥作用，并与其他计算机协同工作。你还将了解如何确保公司的系统和数据安全，如何管理办公流程中产生的所有数据。在学校期间，你将学习基本的编程技巧，你必须自己再额外学习一到两种编程语言，而未来的工作不会仅仅局限于编写代码。这一专业的毕业生主要帮助企业充分利用他们的计算机资源。

信息系统（IS）专业：主修信息系统的学生对完成工作的最佳方式感兴趣。你的课程大纲与 IT 专业相似，但重点在于解决实际业务问题。在一些学校，这一专业甚至只教授简单的编程知识。该专业可能附属于学校的工商管理学院。IS 毕业生倾向于从事处理业务大局问题的工作，比如什么计算机系统最适合公司业务，处理公司项目的最佳方式是什么，以及管理企业资源的最佳方案是什么，等等。IS 的毕业生一般不会往计算机程序研发方向发展。

不同的大学对不同专业有不同的名称描述，你应该结合上述信息，咨询学校顾问或专业老师，确保选择适合自己职业目标的专业来攻读。

以下是你可能会看到的其他一些大学相关专业：

1. 计算机工程
2. 数据通信系统技术
3. 游戏设计
4. 游戏软件开发
5. 信息系统安全
6. 数学
7. 软件开发
8. 软件工程师

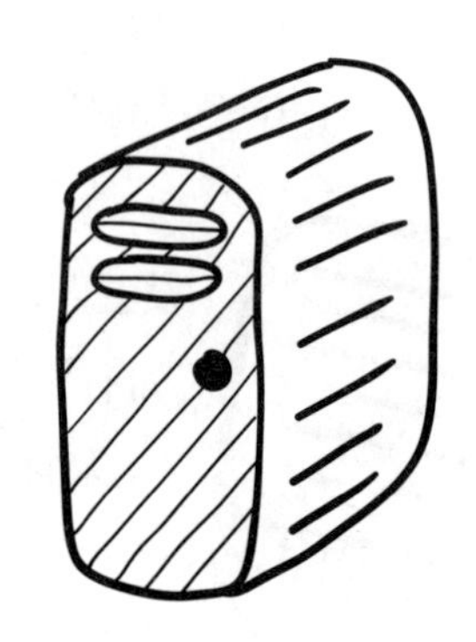

走自学路线

自学编程也是步入编程职业生涯的一条路径，但不太符合大公司的应聘要求。要在没有学位的不利背景下进入大公司工作，你需要多年的项目实战经验。然而这并非不可能做到。要获得这种经验，你必须先从自由职业或小公司入手，通过不断锤炼实战技能来获得提升。这样一来，你就可以建立一个项目经验集，从而向招聘人员证明你已经掌握了公司所需要的技能。这样就可以为你进入大公司工作、获得更高的薪水创造机会。

今天，由于互联网的飞速普及，你可以在线向其他程序员同行或前辈请教，也可以利用专业编程课程网站来进一步学习编程技能。通过简单的在线

搜索，你可以找到许多提供免费教程的初学者社区，或收录了大学课程的在线学习网站。自学成才的程序员通常通过外包的应用程序项目来谋生。你还可以在 Craigslist、Elance 或 oDesk 等站点上发现很多的入门级外包职位。

黑客空间

黑客空间有时也被称为创客空间。它们是由特定建筑空间（空间）和专业人士（人才）所组成的、共同创造一些新鲜玩意儿的场所，通常是新奇的计算机项目。一般来说，黑客空间的领导者都是小组里出类拔萃的某个人，但每个成员都应该自愿平等地分享他们的工具、设备、想法和专业知识。黑客空间可以是教室、作坊和工作室。虽然不同的空间在地理位置和内部装修上会有所不同，但成员们的想法是一致的：分享你的空间，分享你的激情。

第一个黑客空间于 1981 年在德国柏林成立并开放营业。黑客空间组织的统计数据显示，目前全球有 1142 个活跃的黑客空间——在美国就有近 200 个。大多数黑客空间向成员收取会员费，而有些则是免费的非营利性组织。

无论你是选择在大学接受专业计算机教育，还是决定自学成才，最重要的，是要记住编程行业正以非常快的速度发展。拥有光明前途的程序员，正是那些乐于接受变革，能在变革中快速学习并适应新技术和新环境的人。

获得代理权！这是计算机编程行业的未来吗？

在以创造力为导向的行业中，似乎那些有才华、富有创造力的人经常被有钱有权的人所利用。在音乐创作领域，歌曲录制的早期，音乐家和歌手被迫出售他们的原创音乐歌曲，并与录制公司签署合约。即使他们的唱片/磁带被销售了数百万份，原创艺术家们也没有因为销量的增多而从中多获得一分钱。

在电影制作初期，演员被要求签署只允许独家服务的多年合同。这期间，即使艺术家成为明星，或他们演出的作品给公司带来了巨额收益，绝大多数利润也还是流入了演艺公司的账户。在早期的图书出版中，有潜力的作者经常以固定稿费出售他们的原创稿件。这样一来，即使未来他们的书销售了数万或数十万册，他们也没有机会获得更多的酬劳。

2014年，迈克·所罗门（工作于10x——一家海外人才承包公司）在为《纽约时报》撰写的一篇文章中表示："技术行业也正在出现同样的趋势。当创意者被迫在合同上签字时，就预示着很多事情都是错误的。"当公司按照员工所做出的贡献对有才华的计算机程序员支付酬劳的时候，越来越多的技术人才代理机构开始兴起。在不久的将来，科技巨头可能不再能够决定程序员的薪酬，相反，决定权可能被掌握在这些代理人手中。

姓名：克里斯托·阿格顿

年龄：17岁

工作（在课余时间）：独立高中（IHS）计算机编程俱乐部主席

你是从什么时候开始对编写计算机程序代码感兴趣的?

高二的时候，我通过一个漫画网站了解了什么是编程。高三时，在有幸参加了格雷泽老师的网页设计课程之后，我才真正开始对编程产生兴趣。

你是如何开始学习编程的呢？你都学习了哪些编程语言？

我通过 Codecademy 网站学习了超文本标记语言（HTML）。目前，我也主要通过这个网站学习 Java 和 Python。同时，我也从 CodeHS 和其他免费网站上学习了很多关于 Java 的知识。

你为什么决定加入计算机编程俱乐部？

我决定加入 IHS 计算机编程俱乐部的最大原因是：我发觉这一切都是机缘巧合，就好比在对的时间遇上了对的人一样。那时候俱乐部刚刚创建，而我也正好发现了它。一方面，我想继续探索更多关于编程的知识与技术；另一方面，我想要变得和我崇拜的计算机编程行业专家一样优秀，而那些专家刚好都是 IHS 俱乐部的超级工程师。

能谈一谈你参与俱乐部，以及在俱乐部担任主席的经历吗？

我是从基础开始学习的。在俱乐部的第一个学期，我绝大部分时间都在专注地学习 HTML 与 Java 这两种语言。在第二个学期，我们就加入了使用 LEGO Mindstorms 编程的项目。在这个项目中，我与我的朋友瓦南合作，对乐高机器人进行嵌入式编程，以便完成机器人躲避障碍的任务。到目前为止，它可能是我最喜欢的项目了，因为我们可以实实在在地看到程序代码在现实生活中所产生的实用价值。

在过去的一年里，我担任了俱乐部主席的职务。在工作上，我尽力扮演好新成员导师这一关键角色。同时，我也致力于提高我的 Java 和 Python 编程技能，尽可能地关注自己学习过程中所遇到的问题。除了编程以外，通过俱乐部这个平台，我也掌握了更多的沟通技巧。

为什么你觉得成为编程俱乐部的一员对你来说很重要？

参加编程俱乐部是一个很好的契机，有助于让未接触过编程的学生了解这一全新的领域。加入编程俱乐部可以让我保持积极性和好奇心，并由衷地爱上编程这项活动。如果我没有参与其中，我很可能就会偏离自己的初心。另外，俱乐部还帮助学生们与志同道合的伙伴合作，这可以帮助他们提升编程的专业水平。

为什么你决定前往加州大学欧文分校攻读计算机科学专业学位？在未来的大学时光中，你的学习重点是什么？

确切来说，我对于自己高中毕业后的去向迷茫了很长一段时间。当我听说有计算机科学专业学位存在后，我便对此做了很多研究。我研究了该专业学习的课程，以及在人才市场的所有应用方向和行业领域。但那时我仍然不确定我要选择该专业。在我上大学之前的那年暑假，我参加了为期好几天的动画研讨会。那个研讨会激发了我对动画业务的兴趣和参与其中的渴望。

在研究了基于动画产业的相关职业之后，我发现计算机科学专业学位是一些与动画相关的岗位的基本要求之一。同时，我那时已经加入了编程俱乐部。综上，我决定申请大学计算机科学专业。在我收到所有大学的录取通知之后，我在是选择美国加利福尼亚大学欧文分校（UCI）还是加利福尼亚大学圣地亚哥分校（UCSD）上有一些犹豫。

我最终决定进入 UCI 学习。而就我目前的学习重点来看，我选择的领域是计算机游戏科学，所以我研究的是计算机科学的多媒体应用，但是我想更多地了解关于机器人和人工智能系统的知识。

为什么你认为学习编程技能非常重要？

互联网和其他计算机技术在我们未来的生活中将变得愈发重要，学习编程可以节省我们的工作成本。即使你的工作不需要知道如何编程，但理解计算机的运行方式，并在必要时维护计算机也是不可或缺的。毕竟，如果你有突发的灵感，那就应该掌握基本的编程知识，为将你的灵感变为现实打下基础。

你如何平衡学业与其他课外兴趣活动的时间安排?

这是我从大一开始就一直追问其他学长和学姐的问题！首先你需要拥有良好的时间管理技能。当然，这种技能不仅只是简单的小技巧，学习如何平衡地管理个人的一切是我一生的奋斗目标。

你对10年后的自己有什么期待吗?

10 年后，我希望自己能在编程领域取得成功。到那个时候，我会完成大学学业并获得一份高薪工作，这样我就能拥有属于自己的房子。我希望自己能在娱乐传媒行业工作，可能是像梦工厂、迪士尼或其他游戏公司这样的单位。我也可能在谷歌这样的技术巨头公司工作。不管怎样，我希望自己能工作得快乐，这也是我所追求的人生目标。

0100100100100100100100100100100100100100100010

关于认证证书

认证证书由行业公认的权威机构提供，用以证明你熟练掌握了特定的几种程序设计语言，或者在数据库管理等特定领域拥有专业特长。对于计算机编程领域，这里列出了一些被行业内普遍认可的证书。

- 面向开发人员的 Adobe 认证专家（ACE）
- C/C++ 证书
- （ISC）2 软件安全生命周期管理认证（CSSLP）
- CompTia A+ 认证
- GIAC 安全软件程序员（GSSP-.NET）认证
- 谷歌认证企业应用套件部署专家（CDS）
- 微软认证专业开发人员（MCPD）
- Oracle 的 Java 认证

国际程序员日

程序员的节日——国际程序员日始于2007年，旨在表彰计算机程序员对社会做出的巨大贡献。这个节日已经获得了许多国家和技术公司的认可，俄罗斯是目前世界上唯一官方承认这个节日的国家。

这个节日始终被安排在一年的第256天，应该是每年的9月13日或9月12日。选择第256天是因为它代表了计算机中的1字节［因为1字节=8位（二进制数），8位二进制数的最大值为11111111，换算为十进制即为256］，这是所有程序员所熟知的值。同时，它也是可以在正常年份的天数（365天）中取到的2的最大次（8次）幂数（小于等于365），只有计算机程序员会选择这样有独特意义的日期！

成为快乐且成功程序员的关键

世界需要有才华且能快乐工作的程序员！每个编程工作者都需要拥有自己的创意，有时甚至是以很滑稽的方式来解决问题。要成为一名成功的程序员，你需要掌握一些独特的技能，这就是充满激情的创造力和鲜明的个性。除此之外，你还需要了解雇主对你的期望。以下是科里·米勒的一些建议，他是《开发人员的基本道德素养》（*Essential Career Advice for Developers*）一书的作者。下面这几项内容将帮助你了解攻读相关专业的学位，进入编程领域并取得成功所需的技能。

1. 构建有用的、足够吸引人的项目作品集。雇主希望看到你实际技能的佐证，以及掌握工作技能的熟练程度。一个能有效满足用户需求的实际项目的呈现是获得工作的最佳方式之一。它是展示你编程技能的“通史”，还表明你足以胜任这份工作，也代表着你参与工作项目的主动性。

2. 参与开源项目，并为之做出贡献。对开源项目的贡献说明你拥有足够强的自学能力，同时具备团队合作经验，这也为你提供了很好的展示作品。这是三赢的大好事！找到你感兴趣的项目，并积极参与其中。如果你找不到自己感兴趣的项目，那就大胆发布一些你感兴趣并自行完成的项目代码。在开源项目上共享协作，将足以证明你的团队沟通和协调能力。

3. 重视并掌握良好的沟通技巧，这与编程技巧一样重要。程序员应该是能力杰出，且对项目有帮助的人，但我们也要面对现实——他们并不总是最擅长社交的人。虽然程序员们几乎可以编写任何代码，但如果他们不能与其他人正常交流，总是使用难以理解的行业术语，工作就很难开展下去。请记住，沟通并不重在发送消息，而在于接收消息。你需要不知疲倦地学习如何与世界上的其他非编程人员进行交流。虽然沟通是双向的，但我们最好主动去学习如何进行良好的沟通。以下是一些提示。

- **保持耐心：**始终保持冷静。
- **不要惧怕与非编程人员交谈：**请记住，他们并不愚蠢，他们只是不会说你的行话。
- **翻译专业术语给他人：**如果你使用了行业内的专有名词，就一定要加以解释，试图把你要描述的概念和现实世界中的某些东西进行类比。例如，数据库就像一个充满单词、数字、文件和短语的表格，数据库查询是指从表格中查找符合特定要求的数据。
- **重述别人对你说的话：**这可以确保你完全理解了对方想向你表述的内容。
- **当这些方法都失败时，找一个翻译：**找精通编程领域和业务领域的老同事。他是你的盟友，可以邀请他来你的办公室担任临时翻译。

4. 完成你的项目，并让项目正式上线运行。不交付的代码永远不会有改变世界的可能性，所以，将代码放到真实环境中去执行是非常重要的。你会看到大家的需求是否因这款软件产品的出现而发生改变。只有这样，你才可以了解当初设计中的假设是否

合理，有无改善的空间。切记！谨防完美主义，过于苛求完美是一个会扼杀你职业生涯的错误做法。其他程序员可能会对你的工作成果有不同的意见和评判。但就算他们不断发表意见与质疑，你也需要一直保持工作状态。首先你应该做好研发，之后就是测试，测试，再测试！最后大胆发布你的产品。

5. 不要以傲慢的姿态投入工作。最好的程序员不需要他人口头上的表扬，他们会用发布的代码说明一切。较大的公司内部会进行代码审查，这些审查人员会检查代码的规范性、正确性、完整性和编码标准的一致性。你必须能够接受批评。优秀的程序员不仅仅要树立自信心，而且要学会保护自己的自尊心。每个人都喜欢一个出色的程序员，但没有人喜欢自负和炫耀的行为。

6. 注意截止交付日期。截止交付日期是永远存在的。最好的程序员应该学习如何安排截止日期到来前的工作，并学会逐步接受这样的工作负荷。你也需要暂时离开你的工作岗位，稍作调整和休息，这有助于你了解自己的耐力极限。在工作之余，你还可以去滑雪、读小说、学乐器或参加烹饪课。

7. 永远保持学习和探索精神。最好的公司一定会雇用那些善于学习、探索并喜欢尝试新事物的人。好学的人对于知识永远是贪婪的。你需要扩大你的兴趣面，去学习一些你从未想过的东西，你可能会因为接触其他领域而感到惊讶。你要学会利用闲暇时间自我成长，而不是被动等待公司为你的培训进行投资。你可以通过书籍、会议、培训、网络研讨会、在线视频课程来进行自我投资，以提高自己的业务水平。总之，做那些帮助你成长的事。

8. 传递知识。随着你对编程理解的深入，你应该开始学着将这些知识传递给他人，致力于指导、培训或帮助那些在你影响之下的其他初学者。记住，与他人分享知识是优秀领导者的重要标志。

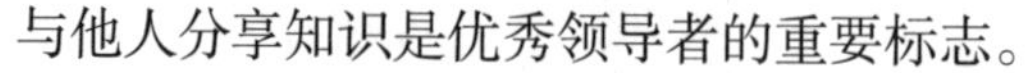

了解程序设计语言

问题：为什么 Java 程序设计工程师总是戴着眼镜？

答案：因为他们不使用 C#（C# 读作 see sharp，英文释义：看得很清晰）！

你对于计算机编程语言的首个疑问可能是：为什么我不能用英语来编写程序？因为英语的表述太模糊了，而且存在太多的用法变化和双关意义。例如，如果有人说“bear（熊，承担）left（左边，离开）”，意思是要你到左边去，还是告知你附近有一只很危险的大灰熊？再举一个例子，如果你被告知需要“read（阅读）charge（账单，指控）”，可以指阅读超市的购物小票，也可以指法庭上的刑事指控。这下你明白了吗？

计算机是不会自己思考的。它也没有能力和常识去分析同一个词的两个不同的含义，并从中自动进行选择。因此所有计算机语言都必须非常精确，且没有任何歧义。计算机程序对于如何编写命令、如何使用符号、严格控制可用词汇等都有非常明确的规则。如果在语言中引入了未知单词，则必须先对其进行定义，之后才能使用。

生物学家米里亚姆·巴洛和数学家克里斯蒂娜·克罗纳正在编写一个名为“时光机器”的计算机程序。该程序重在研究那些使细菌对抗生素产生耐药性的特殊基因。之后科学家们再决定应该如何使用或研发抗生素，避免细菌产生耐药性。使用时光机器程序，巴洛和克罗纳在实验室中对抗并尝试逆转越来越强的细菌耐药性。抗生素耐药性是现代医学的头号问题。每年约有200万人受到细菌感染，有23000多人死于对抗生素有耐药性的超级细菌。

由于计算机本质上是一种机械化设备，所以它需要以一种它能够理解的方式来进行操作与交互。代码征服（Codeconquest）的站长克里丝·凯特是这么解释的：“计算机只能理解两种不同类型的电路状态：打开和关闭。事实上，计算机是开/关按钮（晶体管）的集合体。计算机完成的任何事情，实际上都是操纵晶体管打开与关闭，从而形成独特的组合。二进制代码指的是用0和1表示的数字组合，其中每个数字代表一个晶体管。二进制代码被分组，8位一组，称为1字节，这8位上的8个数字代表8根晶体管，例如11101001。现代计算机包含了数百万甚至数十亿根晶体管，这意味着计算机拥有无法想象的大量组合的可能性。但这也带来了一个问题：人类若是手动输入数十亿个1和0来编写计算机程序，将需要超人的智力和记忆力。即使我们能做到，也可能要花好几年的时间才能编写一段计算机代码。这就是为什么我们需要使用编程语言。”

英语——语言中的语言

纵观计算机编程语言的发展历史，当前的趋势是使用英语来编写关键词、保留字和代码片段库。所有最常见的计算机编程语言都是基于英语的。

这是为什么呢？因为英语是那些编写第一批计算机程序的工程师所使用的母语，也是之后开发许多计算机程序时采用的语言。在美国，就有数千种编程语言被研发。英国、加拿大和澳大利亚的工程师也开发出了数百种编程语言。所有这些国家都是以英语为母语的。

在英语不是母语的国家，程序员仍然被要求用英语来编写计算机程序，以满足程序的国际通用性要求。例如，Python 是英文版，但它是在荷兰开发的。Ruby 也是如此，它在日本诞生，但仍然使用英语编写。

这里有一些有趣的编程语言，它们不使用英语进行编写。

➪ AMMORIA，用阿拉伯语设计的编程语言

➪ 丙正正，C++ 的中文版

➪ ドリトル或 Dolittle，基于日文设计的编程语言

➪ Hanbe，基于韩文设计的编程语言

➪ Robik，基于俄文设计的编程语言，供少儿编程教育使用

同时，为了使计算机能够理解所有这些编程语言，还需要对它们进行翻译。程序员在编写源代码后，会通过编译器来进行翻译工作。编译软件专用于将源代码转换为汇编语言，再进一步转换为计算机可以理解的二进制代码，这个转化翻译的过程被称为编译。同理，每种语言都拥有自己的一套编译工具。

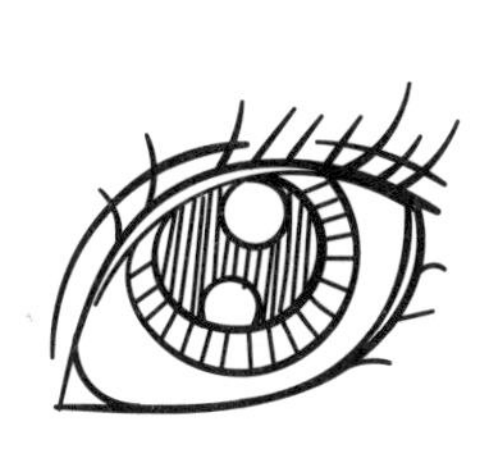

目前世界上有数以千计的计算机编程语言。但你不用害怕，因为不是所有语言都需要学习，大多数程序员只使用一到两种编程语言。通过阅读下文，你可以找到自己最感兴趣的编程方向及其所对应的编程语言。

计算机语言的类型

<低级语言/>

低级语言用于编写直接操作计算机底层硬件的代码，这些代码无须经过编译器就可以被机器所执行，但这些语言只为特定类型的计算机设计。

- **机器语言**：是使用 0 和 1 这两种数字进行编写的代码。因为这种编写方式可以直接操作计算机的处理器和相关硬件，所以计算机很容易理解这类指令。但如果计算机的处理器和其他配置有所不同，想要以这种方式批量设计程序就会非常困难。机器语言使用二进制数系统，其中“0”和“1”表示“开 / 关”“打开 / 关闭”或“开始 / 停止”。例如，把两个数字相加的机器语言命令是：0110101100101000。
- **汇编语言**：如 ASM 或汇编程序，比机器语言更高一级，它使用了简短的“提醒”代码或包含特定指令的代码块。程序员可以给一串二进制码起一个名字。例如，把两个数字相加的命令是：add pay，total（“综合”“增加”的意思）。

姓名：海顿

年龄：13 岁

工作（在课余时间）：编写软件程序

你是从什么时候开始对编写计算机程序代码感兴趣的？

10 岁那年，有一段时间我一直在寻找有趣的夏令营活动。一个偶然的机会，我通过“星期六学院”找到了很有意思的一堂课。当我去上课时，我发现这是一种简单的“点击式”编程学习课程，它使我对编程产生了浓厚的兴趣。此后不久，我开始使用一个名为“Roblox”的游戏网站进行学习，这是一个儿童编程引擎，用户可以在其中创建属于自己的游戏。一开始我对此很感兴趣，但是后来我觉得这个网站提供的小游戏有些无趣。那时我开始意识到，该网站是为创建游戏而设计的，只要我愿意就可以自己创建游戏。因此，在圣诞节期间，我请求我的父母带我参加一期私人编码课程。同时，我还观看了 Roblox 网站上有关程序开发的许多教程，并获得了如何使用 Roblox 的指导书籍。

我妈妈为我找了一位老师——埃德文，他通过 Skype 教我编程的知识。他与我进行远程视频通话，并在共享屏幕上进行教学。我了解了关于编程的很多知识，还包括如何调试代码（弄清楚为什么代码不起作用）。

你是如何学习编写代码的，你都知道哪些编程语言呢?

我会使用 Lua 编程语言。Lua 是一种开源语言，可用于存储游戏内容与数据。除了使用 Lua 引擎进行基本编程之外，我还了解到每个编程引擎都有许多其他工具可以按用途进行定制拓展。通过阅读书籍，我也学习了诸如 HTML、CSS、Java 和 JavaScript 之类的程序设计语言。我发现，一旦你学习了一种语言，就可以以此作为母语，学习其他语言就更加容易了。

那时，我厌倦了重复的数学作业，所以我写了一个程序为我解决这种问题。当我把这一情况告诉老师时，他却认为使用程序后我就不会牢记计算公式了。但我觉得，如果我已经对公式足够了解，并且能把公式转化为计算机程序代码，那么就说明我其实早已掌握公式了。另外，每次使用该程序时，我都是在复习这些公式。

我还在 iPad 上使用 Codea 创建了一个用直线绘图的画画小程序。这是一款点对点绘制直线的绘图工具。我可以在屏幕上任选两个点，然后它们之间就会自动出现一条直线。在我研发的第二个增强版本中，我还添加了拖动功能，这样用户就能更容易地选择直线的起点和终点。在那之后，我还创建了自己的井字填字小游戏。

听说你还参加了学校组织的“编程一小时”活动，从这次活动中你都学到了什么?

我们学校举办的“编程一小时”活动侧重于学习游戏编程，主要教授诸如“循环”和“分支步骤”之类的编程概念，课程其实不涉及实际的编程环节。如果我来上这门课，那么我会告诉孩子们如何把某些信息输出到屏幕上、如何进行编程、如何基于已有的编程项目做修改。这样一来，孩子们既不会感到无聊，也会变得富有创造力。他们可以看到自己写的代码已经发挥了作用，而不是仅仅学习一些基础的有关编程的概念。

你尝试过很多不同的编程学习方式（例如参加培训课程、聘请老师辅导、阅读专业书籍等），那么就你个人而言，你最喜欢哪一种学习方式呢？

我喜欢结合这 3 种方式进行学习：参加课程使我对编程的概念有了基本的了解，老师则给我解答疑难问题。这样的学习方式很棒，因为我必须专注于对我来说有趣的事情。

老师的作用在于我提出问题后就会立即得到解答。但如果我从书中查阅相关内容，就需要更长的时间。同时，我还必须完全理解作者的意思，并对照书上写的代码进行实际操作。如果你恰好没有学习过书上所使用的编程语言，那么就很难理解代码部分的内容。为此，我还必须结合使用在线资源来辅助我的学习。

你为什么认为对当代青少年来说，学习如何编写代码很重要？

目前社会上计算机科学工程师的需求量持续增加。当程序替代了很多重复的工作，有些工作机会可能就此消失。总体来看，市场始终需要软件程序员。这也使得软件开发成为非常稳定的核心职业。随着技术在我们生活中的日益普及，社会对程序员的需求也将不断增加。同样，编写代码会迫使你学习如何以不同的方式看待问题。失败是学习过程的一部分，你必须学会不让失败影响你前进的心态和热情。

你对初学者有什么建议吗？

在学习编程时，我喜欢参考其他人的程序，并思考这些程序背后的逻辑条理。不要让失败的作品阻碍你前进，一旦失败了，你就应该继续努力并从错误中吸取经验。同时你还应该努力工作，成为一个能解决问题的人。

如果有可能的话，请配备两台显示器，将程序代码和图形界面分开显示。这个技巧对你的思考和工作效率有非常大的帮助。这样你更容易明白自己所需要的效果，以及你做出的代码更改会对界面产生什么实际影响。

你对10年后的自己都有哪些期待呢？

我的计划是进入大学继续深造，并获得计算机科学相关的学位。然后，我想找到一份好工作。如果有可能的话，我想继续深造并获得更高的学位，这样就能够在职业道路上获得更高的起点和更好的发展。

0100100100100100100100100100100100100100100100010

<高级语言/>

高级语言是高于机器语言和汇编语言层面的计算机编程语言，使用这些语言编写的任何代码都必须通过编译器才能转换为机器语言并被计算机所理解。高级语言也更加接近人类的自然语言，因此更容易被编写和阅读，也更容易进行错误排查。以下是面向不同业务的各种高级语言。

➪ **算法语言**：是一组编写非常具体的语言指令。这些指令被按特定的顺序编写，以达成特定的运算目的。程序员可以编写能重复使用的子程序。这些指令可以和其他指令一起使用，以推算出可预测的最终结果。算法语言包括如下几种。

- Fortran：由美国科学家约翰·巴克斯与 IBM 团队于 1957 年设计，主要用于科学计算领域。
- LISP：由麻省理工学院的美国计算机科学家约翰·麦卡锡于 20 世纪 50 年代末开发，主要用于人工智能领域。
- C：由丹尼斯·里奇和肯·汤普森于 1972 年为美国电话电报公司开发，用于编写操作系统的代码。C 语言及其后代 C++（也是面向对象的）是目前行业内最为常用的编程语言。C 语言也常常被用于 3D 建模编程、游戏编程、移动应用程序编程等研发领域。

➩ **面向业务的语言**：旨在处理银行和投资公司等企业生成的大量行业数据。面向业务的语言包括以下几种。

- COBOL：广泛使用于20世纪60年代和70年代，旨在用于保存相关数据。用COBOL编写的程序在21世纪来临时大规模地出现了日期格式问题（这个问题也被叫作“千年虫”“Y2K”“Millennium bug”）。该语言要求使用两位数来表示时间中的“年”。例如，日期字段中的72表示“1972”。如果仅仅使用两个数字，年份时间的记录就都只保存2字节。因为大型企业往往有百万条记录，这样的设计可以节省大量存储空间。但由于这个设计缺陷，新千年（2000年）到来时，计算机将无法判定字段中的72代表“1972”还是“2072”，大部分代码和程序都不得不重写。

- SQL：SQL是数据库结构化查询语言，用于编写使用数据库的软件程序。数据库是信息的集合。使用SQL，程序员可以从数据库中查询到大量信息，找到满足特定条件的记录，例如查找“姓史密斯的人”或“曾经养猫的女性”。

➩ **面向教育的语言**：专为学生和教授创建，供大学或教育机构使用。它们往往更容易被理解和掌握，广泛适合于初学者。这类语言包括以下几种。

- BASIC：由美国达特茅斯学院的约翰·柯梅尼和托马斯·库尔茨于20世纪60年代中期设计。这种语言易于学习，非常适合初学者。因为其结构简单，开发环境的安装轻巧便捷，当时在个人计算机上该语言很受欢迎。
- Pascal：由尼古拉斯·沃斯于1970年在瑞士设计，其目的是教授学生编程。这种编程语言于20世纪70年代到80年代期间在个人计算机上被广泛使用。

➩ **面向对象的语言**：这类语言主要用于大型组织和企业的程序研发管

理。该语言具有预先打包好的代码块，称为对象或库，每个对象都可以执行特定的操作。用户需要学习如何使用每个对象，但无须也不能看到每个对象内部的底层代码。复杂的功能则可以通过组合使用各种对象来实现。同时，对象之间还能相互协作和通信，以此为基础构建一套大型的商用程序。

- Java：由詹姆斯·高斯林于 20 世纪 90 年代初为太阳公司设计，旨在用于编写在互联网上运行的交互式程序。今天，它还广泛用于智能手机等小型便携式设备的应用程序研发，也是当下最流行的编程语言之一。Java 语言设计的座右铭是“一次编写，处处运行”。

- Visual Basic.NET：美国微软公司研发了这种编程语言，可以通过可视化的按钮、菜单和其他图形元素来扩展之前的 BASIC 语言，使编写环境对用户来说更加友好。

聚焦阅读

奥古斯塔·阿达·金（1815—1852），洛夫莱斯伯爵夫人，世界上第一位计算机程序员

奥古斯塔·阿达·金于 1815 年 12 月 10 日出生于英国伦敦，她的父母是乔治勋爵和安妮·拜伦夫人。父亲拜伦是一位浪漫主义诗人。当阿达·金刚刚一个月大的时候，她的父亲和母亲就分开了。父亲在离开英格兰之后就再也没有回来过。直到她的父亲去世，阿达·金都没有再见过他一面。与父亲见最后一面时，阿达·金只有 8 岁。

拜伦的母亲是一位受过良好教育且具有非常虔诚的宗教信仰的女性。她试图对阿达·金进行数学和逻辑方面的辅导，从而压抑阿达·金

在诗歌方面的天赋。正是这种训练以及她天生的艺术才能，帮助她在13岁时就设计出了一台飞行器。

在17岁的时候，阿达·金遇到了一位指引她未来生活和事业方向的人——她被介绍给了数学家、发明家和机械工程师查尔斯·巴贝奇，后来巴贝奇成了众所周知的计算机之父。阿达·金一直与他保持联络，几乎每个课题都获得了巴贝奇的指导。巴贝奇给她起了一个特别的绰号——“数字女巫”。

1835年，也就是阿达·金20岁那年，她与威廉·金男爵结婚并成了男爵夫人。她的丈夫于1838年继承了洛夫莱斯伯爵的头衔，她也同时获得了洛夫莱斯伯爵夫人的头衔。他们养育了3个孩子。

当查尔斯·巴贝奇失去政府资金支持的时候，这位伯爵夫人成为他的研究的大力支持者。她不断提供资金以支持巴贝奇的研究。9个月来，她一直致力于翻译意大利数学家路易吉·费德里科·梅纳布雷亚写的关于巴贝奇发明的分析机的书——《查尔斯·巴贝奇的分析机》。当她完成这本书的翻译工作后，还在稿件中添加了自己的笔记和注释，解释了分析机的功能以及它与差分机的不同之处。

这位伯爵夫人的文字令人印象深刻。尤其是在书中的G章节，她详细描述了如何使用巴贝奇的分析机计算伯努利数列。如果分析机能够成功建成，她就能够证明此计算方式的正确性，但很遗憾的是，分析机最终没有建成。然而，她的想法被认为是世界上第一个计算机程序，她也被公认为世界上第一位计算机程序员。

20世纪70年代后期，美国国防部将他们的高级程序设计语言取名为Ada，以纪念这位伟大的女性。Ada语言迄今为止仍在使用。

➪ **声明性语言**：这是一种非常高级的语言，这种计算机编程语言能帮助程序员集中注意力于目标，而非具体的编程操作。这类语言还分为两

个大类：逻辑语言和函数式语言。

- PROLOG：这是一种用于人工智能项目的逻辑语言。
- HOPE 和 REX：这两种函数式语言被用作学术界的研究工具。

➪ **文档格式化语言**：该语言对控制打印页面上的文本和图形具有一定作用，程序员使用它来编写控制文档样式的代码，如段落、缩进、字体和边距等。这种语言还可以执行文字处理器任务，并与打印机通信交互。

- TeX：由斯坦福大学的唐纳德·克努特于 1977 年至 1986 年期间开发。该语言用于控制文档外观的所有内容，还包括表格和图形。
- PostScript：由 Adobe 公司于 20 世纪 80 年代开发，该语言用于描述文档格式，以便文档能够在计算机上正确显示，同时还可以兼容打印机。这种语言的优势在于，任何人都可以免费使用，同时还适用于高分辨率的激光打印机。

姓名：扎克·加兰特

工作：CodeHS 联合创始人

你是从什么时候开始对编写计算机程序代码感兴趣，并决定将其作为你职业生涯的发展重点的？

上初中时，我想制作属于自己的电子游戏。原因不单单是我喜欢玩电子游戏，更重要的是，我想改变电子游戏的规则，并以自己的构想来制作游戏。

在整个初中和高中的闲暇时间，我尽可能多地学习如何编写游戏和网站程序。直到上大学时，我才开始进行“真正的编程”。因为我之前的作品都是使用可视化的拖拽编程系统做出来的，并没有使用专业的编程语言。

在斯坦福大学学习的第一个季度，我有幸参加了讲授 Java 语言的入门编程课程，对此我感到非常兴奋。Java 课程中讲授的内容对我来说意义重大，因为我通过该课程学到了很多专业领域内的概念。我几乎把全部假期都花在了编程上。之后，我终于意识到这就是值得我努力的方向。

你经历了怎样的教育/工作途径，才获得今天的成就？

我所就读的高中并没有教授任何的编程课程，所以上大学以前，我是自学成才。在大学里，我主修计算机科学。在暑假的空闲时间，我专注于实践大学课堂上学到的技能，以巩固和加强自己掌握的编程技术。其中的一个暑假，我致力于研发一款运行在 iPad 上的应用程序。另一个暑假，我和我的几位伙伴初创了自己的编程项目。之后，在我大四那年的春季，我创立了名叫“CodeHS”的在线网站。从那以后，我学习了更多关于编程的知识。

能谈谈你所参与过的编程项目吗？

我做过几种不同方向的编程工作，其中包括游戏程序设计、iPhone 移动应用程序、网站开发和人工智能研发。在创立 CodeHS 网站的工作中，我主要负责网站开发部分。也就是说，大家使用 CodeHS 网站来学习编程的时候，计算机上就运行着我写的代码。

另外，我还了解到，你是TeraByte视频游戏创作营的创始人，是什么促使你建立了这个项目呢？

七年级的时候，我参加了洛杉矶编程夏令营，在那里我学会了制作电子游戏。回到达拉斯之后，我继续学习这方面的知识。第二年的夏天，我意识到在达拉斯还没有帮助编程初学者学习的组织，所以我决定创建一个视频游戏创作营。因为我这一整年都在学习如何制作视频游戏，所以我有信心能够帮助到这些初学者，之后我就开始了这方面的尝试。

你还有一个叫CodeHS的网站。你为什么决定建立这个网站，你的目标是什么?

我的 CodeHS 网站联合创始人杰里米·基辛和我同在斯坦福大学学习，并帮助教授们开展编程课程。我们都是这个网站的领导，同时也是入门编程课程的主要助教。

在就读大学三四年级的时候，我们发现在线教育领域有很多创业机会。由于在那时候获得优秀的计算机科学教材并不容易，我们就建立了 CodeHS 网站，以便让全世界的人都可以获得和斯坦福大学学生一样的高质量教育。

你最喜欢写什么类型的代码，最不喜欢写什么类型的代码?

编写代码的最好方式就是编写容易控制的代码块。只要你知道执行的明确过程和结果，计算机就能按照你的要求做任何事。只要你遵循一定的既定规则和代码规范，就可以随心所欲，创造任何你感兴趣的东西。

我最不喜欢使用以前从未接触过的工具和框架，因为这会给项目带来前所未有的困难，特别是在没有相关的说明文档和帮助手册的时候。如果你没有可以合作解决问题的工具或伙伴，那将是十分令人沮丧的事情。

你对计算机程序设计/程序员的未来持什么样的看法?

程序员和计算机程序设计的未来都是充满希望的。各行各业都需要程序员，这将创造数百万个全新的工作机会。计算机程序不仅仅适用于制作游戏或网站。软件工程师也同时为电影公司、体育用品公司、时装公司、娱乐传媒公司等企业编写项目代码。如果你知道如何编写代码，就能在职位选择上获得更多的可能性。

对于有兴趣成为程序员的年轻人，能否提供一些宝贵的建议?

一直坚持练习，不要放弃。有时编程可能很困难而且令人沮丧，但是一旦你搞清楚了自己的错误所在，这些困难对你来说也是颇有帮助的。不要被比你更有经验的同行吓倒，没有人天生就能立刻学会编程。任何高手都和你一样，是从最基础的知识开始学习从而成长起来的。你完全可以和他们一样，获得丰富的经验和成就！

01001001001001001001001001001001001001001001001010

- **标准通用标记语言（SGML）**：元语言，主要讨论用于研发计算机语言的母语言。SGML 是被所有国家都认可的创建“标签”的方式。每一个标签都表示特定的代码功能，或它被显示的具体样式等。例如，根据 SGML，可以将 <emphasis> 标签定义为斜体加下划线，或将显示的字体更改为粗体。
    - DocBook：主要用于书写技术文档。
    - LinuxDoc：用于书写 Linux 项目的文档，这是一个完全依靠志愿者来维护的非营利性项目。目前，有很多在线发布的 Linux 程序文档都可以供开发者们阅读使用。
- **万维网显示语言**：用于创建你在互联网网站上看到的网页。每个页面都包含文本、图形、音频以及跳转到其他页面的超链接。
    - HTML：由蒂姆·伯纳斯·李于 20 世纪 80 年代为瑞士欧洲核子研究组织物理实验室研发设计。它采用标记指定元素的方式，确定网页上内容的显示样式，如表格、标题、序列和字体大小等。HTML 网页可以通过 Web 浏览器来进行浏览。浏览器能够读取并翻译不同标签，最终显示出用户可见的网页效果。HTML 还可以用于为移动设备编写应用程序。
    - XML：为解决 HTML 无法添加新的自定义元素问题，XML 就此诞生。XML 可以很容易地定义样式的开始和结束位置。如果要表示斜体显示文字的开头位置，你可以在文字前面编写 <ITAL> 标签，并在需要结束斜体显示文字的位置编写 </ITAL>。当程序员定义新标签时，XML 允许他们编写对应的浏览器翻译规则，从而正确地显示页面。

➪ **Web 脚本语言**：这种语言的设计是为了增加浏览用户与网页之间的互动性。当有人想填写表格或在网站上订购某些商品的时候，用户的互动操作就要使用脚本。你可以使用任何编程语言编写脚本，但像 Perl 这样的简单语言效果会比较好。当然，还有专门为编写脚本而设计的语言。

- JavaScript：由网景公司研发并设计的脚本语言，可以与网景或 IE 浏览器一起使用。
- VB 脚本：这是由微软公司开发的脚本语言，也是微软程序开发套件的一部分。

G 代码：一种高度专业化的工控语言，用于计算机辅助制造（CAD），即指挥自动化机床等工具制造产品。例如，用它编写指令，告诉切割工具从哪里开始切割，按照什么样的路径切割，以及在切割材料时钻头移动的速度，最后留下成品。G 代码也能告诉特定工具搭建模型的路径和程序，如 3D 打印机。

选择你的第一种编程语言

选择入门的首种编程语言可能很难。你选择哪一种编程语言，其实取决于你的兴趣所在，以及你想要编写哪一种类型的程序。记住上面的列表并进一步阅读本书的后续内容将帮助你缩小选择范围。但请你记住，无论选择哪一种语言，学习第一种编程语言永远是最为困难的。

只要你掌握了一定的基础知识，学习其他编程语言就会变得更加容易。下面是一些有助于你做出选择的参考信息。

1. **Python** 简单易学，你可以用它做很多事，它也因此被美国的许多计算机科学入门课程所采纳。这种语言的代码易于阅读，在教学中，你将学习如何保持良好的编程风格。Python 是一种很有趣的语言，容易写出成功运行的程序。这将让你在编程学习上更加自信，并保持继续钻研的动力。在业界，Python 也越来越受欢迎，Pinterest 和 Instagram 等著名软件都使用了 Python 语言来编写。
2. **C 语言**是使用最广泛的编程语言。就像每个医生都需要了解解剖知识一样，每个程序员都应该了解 C 语言。通过学习 C 语言，你将学习最底层级别（硬件级别）的编程基础知识。如果你只学习更高级别的语言，你可能无法了解计算机到底是以什么样的方式进行工作的。但是，这种语言对初学者并不是十分友好。
3. **Java** 在全世界最受欢迎的编程语言中排行第二，尽管这种语言已经存在了很长时间。一旦你学会了它，你就可以轻松学习其他语言。同时，Java 的使用领域也是多种多样的，其中包括服务器开发、嵌入式开发、移动应用程序开发等。用 Java 编写的程序还可以在任何操作系统上兼容运行。
4. 如果你想建立属于自己的网站，**JavaScript** 是很棒的选择。几乎所有的 Web 浏览器都已经具备翻译这种语言的能力。这种语言的规则相对比较简单，你能从中学习到许多编程的基础知识。同时这种语言还有另一个优点，那就是你编写的代码能够实时展示运行效果。
5. **PHP** 有一个大型的在线社区，致力于帮助刚入门的新用户。这个社区还有很多关于这种语言的课程和参考书籍，你可以从现有的大量开源项目中学到很多东西。
6. **TIOBE 索引**是根据当前编程语言的受欢迎程度进行的排名。注意，这个排名和你在学习这些语言之后找工作的容易程度并没有多大关系。TIOBE 索引按照编程语言的人气，从高到低对其进行了排序，分别是：C、Java、Objective-C、C++、C# 、PHP、JavaScript、Python、Visual Basic .NET 和 Visual Basic。

开源代码

开源代码是每个人都可以免费阅读并使用的代码。产生这个想法的初衷是使更多程序员能更轻松地开展工作。如果许多人一起来查阅、使用、编写并维护代码，那么代码无疑会获得更多也更强的功能。Linux 系统是当下最流行的开源计算机操作系统。最流行的开源博客程序是 WordPress，这是一款超过 2.02 亿个网站都在使用的博客编辑与管理软件。Magento 是帮助超过 3000 万家公司在网上进行电子商务销售的工具。Mozilla Firefox（中文名：火狐）是一款目前很流行的 Web 浏览器，在全世界有超过 24%的用户使用这款浏览器。

小测试

你能理解我的语言吗？

计算机语言允许程序员告诉计算机，他们想要计算机做什么。高级语言类似于人类沟通交流所使用的自然语言，而低级语言更接近机器直接使用的二进制语言。在本次小测试中，你将看到各种语言的不同使用范例。你的任务是确定哪个选项正确描述了该编程语言的实际意义。

1. 在 HTML 中，“<h3> Welcome Aboard </h3>”会生成

   A. 在网页上看起来中等大小的标题。

   B. 一幅帆船的图像。

   C. 一个有 3 列的表格。

2. 在 Ruby 中，“irb(main):005:0>3**2”表示

A. 计算 3 和 2 之间相减的差值。

B. 返回第三行的显示结果，并复制这行结果两次。

C. 计算三次方的答案。

3．在 JavaScript 中，代码 //We need to clean the previous 4 lines 的意思是

A. 计算机什么都不做。这只是一个注释，提醒你以后要修复一个漏洞。

B. 让与你合作的程序员准备重新修改前 4 行代码。

C. 启动一个编辑器，自动修复前 4 行代码。

4．在 JavaScript 中，代码 confirm(“I can definitely learn to code!”) 会

A. 引发一个错误并可能导致计算机程序崩溃。

B. 强行弹出一个用户必须与之交互才能关闭的菜单选项。

C. 启动关于学习编程的快速参考教程。

5．在 Python 中，如果计算机提示“IndentationError: expected an indented block”，这意味着

A. 你刚刚编写的代码中有太多空格。

B. 你刚刚编写的代码中没有足够的缩进区域。

C. 你写的代码毫无价值，必须完全废弃。

6．在 Ruby 中运行 “So, You Want to Write Computer Code? ”.reverse 后将显示为

A. “?edoC retupmoC etirW ot tnaW uoY ,oS”。

B. “Code? Computer Write to Want You So,”。

C. “Computer Code, You Want to write?”。

7．在 HTML 中运行 <strong>Coding is for everyone!</strong> 将会让文本

A. 变成粗体。

B. 变得更大。

C. 全部变成大写字母。

8．在 Python 中，执行命令 print “You’re doing wonderfully! ” 将会

A. 发送这句话给离你最近的打印机。

B. 输出这句话，让它出现在计算机的控制台上。

C. 把这句话添加成一个网页的标题，同时页面还会出现粗体的花卉图案。

参考答案：1: A 2: C 3: A 4: B 5: B 6: A 7: A 8: B

开始编写代码

目前，程序里还有 99 个问题；
我们刚刚修复了其中 1 个问题，我们再来测试看看；
现在程序里有 100 个小问题了。

请谨记，从一个原始的想法到实际可投入使用的软件项目，往往有很多种编程实现方法，而具体的方法和流程最终取决于个人、团队或公司的工作流程。在这个过程中，每个人的工作步骤可能会千差万别，但一般而言，大体的流程是基本保持不变的。

在编写软件程序的早期阶段，程序员从制造工业化产品的流程中学习。他们借鉴了诸如建筑物或钢轨桥梁一类的建筑公司采用的瀑布模型，以此指导自己的软件开发。这个编写软件程序的控制流程模型今天仍然在被广泛采用，工作流如下所示。

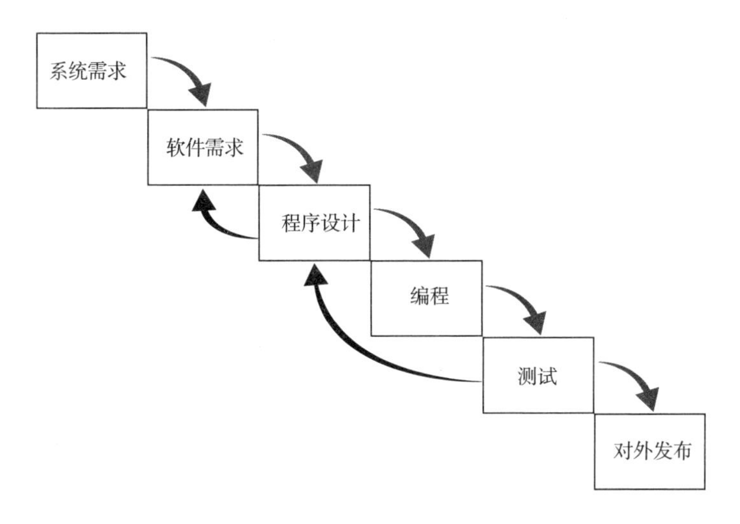

一种较新的研发工作流被称为测试驱动开发（TDD）循环，如下所示。

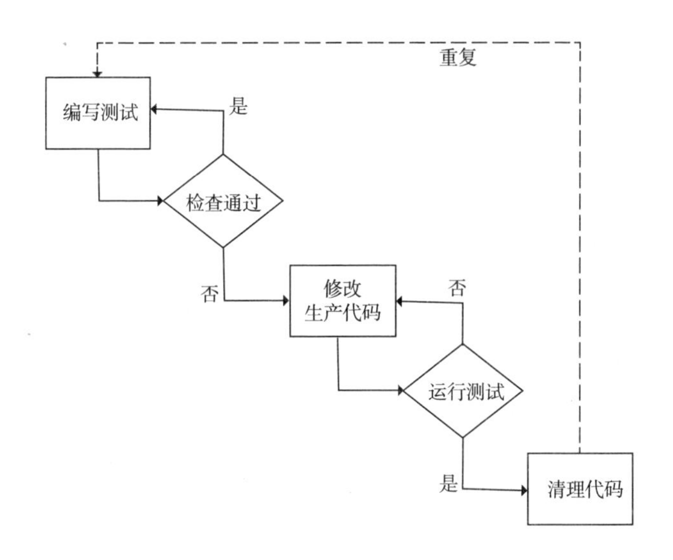

无论是哪个测试周期，都需要团队花费大量时间，去反复测试每个程序员编写的代码，而且这些步骤不能跳过，所以好好享受这个过程吧！你应该充分利用这段时间，来探索全新的想法、解决旧的软件缺陷问题，以及发现更多编写复杂代码的创新方法。

对于那些在军队、建筑工地、体育运动赛事中工作的特殊人群来说，脑震荡是一个巨大的安全隐患。在X2生物系统工作的程序员设计了一个放在人耳后面的小设备，名字叫作“xPatch”，专门用于监控头部受到的打击。当检测到有打击时，xPatch会记录信息并将其发送到X2的官方数据库。培训师或医生可以快速对这个数据库里的所有记录进行监控和分析，以决定患者是否需要接受医疗护理，同时通过分析这些记录，培训师或医生还能预测患者未来的大脑健康状况与可能出现的健康隐患。

聚焦阅读

软件女王——海军少将格雷丝·霍普（1906—1992）

格雷丝·霍普于1906年12月9日出生于纽约市，是全家3个孩子中最年长的。她是一个充满好奇心的孩子，在7岁那年，她拆掉了家里所有的闹钟，只是为了看看它们是如何运作的。

17岁时，她进入了瓦萨学院学习，这是一所只招收女生的学院。她在学院攻读数学和物理学双学士学位。毕业之后，她选择前往耶鲁大学继续深造，并在耶鲁大学获得了硕士学位，然后又获得了数学专业的博士学位。

格雷丝·霍普的职业生涯始于瓦萨学院的数学教学工作，并于1941年晋升为副教授。两年后，在第二次世界大战开始后，她离开了学院，并加入了美国海军预备队。在当时，女性是不被允许进入军队的，因此她加入了志愿者紧急服务队（WAVES）。她在史密斯学院的海军预备队海军学校接受培训，并成为班级里第一位毕业的学员。

1944 年，格雷丝·霍普被分配到海军船舶局设在哈佛大学的计算项目实验室工作，在那里她学会了使用 Mark Ⅰ计算机来编写程序。第二次世界大战结束后，她依然留在海军预备队，同时还在哈佛大学担任研究员。有一天，她在使用 Mark Ⅱ计算机时遇到了麻烦，计算机一直无法运行。经过排查，她发现有一只约 5.1 厘米长的飞蛾被卡在了机器电路上，她告诉大家自己在计算机中发现了一只“Bug”（虫子）。之后，在计算机领域，“Bug”这个术语就用来表示计算机运行中出现的异常和错误，今天程序员仍然使用“Bug”这个词来表示代码中需要修复的部分。

在哈佛大学工作了一段时间之后，格雷丝·霍普前往艾克特－莫奇利计算机公司担任高级数学家一职。她曾在第一代自动化计算机（UNIVAC Ⅰ）研发团队中工作，该计算机是在美国生产的第二台商用计算机。与此同时，她还研究了将数学代码转换为计算机语言的各种方法。她研发的第一个可工作编译器于 1952 年完工。“没有人相信我有一个正在运行的编译器。”她说，“没有人使用过这个编译器。他们告诉我计算机只能做最简单的四则运算。”

尽管早期存在着不少的质疑者，但 1954 年，她所在的公司对外发布了第一批基于编译器的编程语言——MATH-MATIC 和 FLOW-MATIC。这些语言为后来的计算机编译语言面向商业的通用语言（COBOL）奠定了基础。如今这种语言仍在被使用。

格雷丝·霍普认为，测试标准对于计算机及其软件都是非常重要的。正是因为有了她的强力推动，今天的美国国家标准与技术研究院才制定并出台了计算机测试标准。

1966 年，她以指挥官的身份从海军预备队退役，又于 1967 年被召回军队，并担任海军编程语言小组主任。她在这个岗位上工作了约 10 年的时间，并在工作期间被授予上尉军衔。

1983 年，她再次获得晋升，这次总统特别任命她为海军少将。她

于 1986 年再次退休，成为美国海军中年龄最大的军官。她于 1992 年去世，享年 86 岁，被安葬在华盛顿特区的阿灵顿国家公墓。海军驱逐舰 USS Hopper 于 1996 年建成并以她的名字命名。

姓名：特斯卡·菲茨杰拉德

工作：计算机科学专业博士生，佐治亚理工学院研究生助理

你是从什么时候开始对编写计算机程序代码感兴趣，并决定将其作为你职业生涯的发展重点的？

我很小就开始接触计算机。我家里有一台计算机，所以我对玩计算机游戏，以及在计算机上打字十分精通。

当我 5 岁的时候，我的姐姐加入了我们社区中心的乐高机器人俱乐部。当时，我也决定加入这个俱乐部，教练把我拉到一边，问我是否愿意学习机器人编程。她教我如何使用乐高的可视化编程系统，我只需按照顺序拖动不同的动作命令，就可以控制机器人的动作。当我发现只需拖动和调整屏幕上的动作块，就可以让机器人移动、转圈或发出声音的时候，我觉得非常有意思。

团队里的其他成员都想要学习如何搭建机器人，但没有人有兴趣学习机器人编程。这使我有机会一开始就成为我们团队的首席程序员。在接下来的 7 年中，我在团队内发挥着十分重要的作用。

在积累了几年的编程经验之后，我开始寻找新的机会和挑战，那时我已经非常熟悉编程系统的拖放界面。之后我开发了一个新项目，我可以使用文本的形式编写机器人指令，之后我再把写好的文本程序交给编译器去读取和解释，而不再使用拖放界面来编程。这样做不仅大大减少了编程时间，而且能优化内部存储空间的占用率。我们的机器人芯片上存储的程序代码量也获得了提升。在这个我自己发起的项目中，我对优化机器人原有的典型编程系统感到非常兴奋。正是因为这个项目，我开始将计算机编程视为自己未来的职业方向。

你是通过什么教育/工作途径来获得目前的这份工作的？

我目前在研究生院的工作涉及学术研究。我的研究内容是解决教科书或网站都没办法回答的难题。在中学时我就开始做科学博览会项目，那时候的我对研究工作产生了兴趣。科学博览会的自我启发项目是一个很好的例子，我作为项目的参与者，可以自由选择自己喜欢的研究主题并参与其中，见证项目的完成。

在做科学博览会项目时，我开始对人工智能（AI）研究产生兴趣。我的项目是让乐高机器人在指定的起点和终点之间自动选择路径。我意识到从一个点到另一个点的导航任务很简单，人们每天都不假思索地重复着这一行为，但机器人实际上很难做到。考虑一下你从学校或家中计划行动路线的步骤；为了规划路线，你需要提前获取哪些信息？对导航策略知之甚少的机器人而言，进行路线规划是一项相当大的挑战。

在试图让机器人解决对人类来说易如反掌的日常问题时，我才意识到人类的思维系统是多么复杂。当我在攻读研究生并从事人工智能研究工作时，我更加深切地感受到这一点。

我在获得大学计算机科学专业学位的同时，还参与了另外两个研究项目。其中一个是荣誉论文项目。这是一个自学项目，由学生在教授的指导下完成。我的荣誉论文项目是关于编程工具的课题，旨在帮助网站设计师实时测试他们的网站界面效果。我的第二个研究项目是有关帮助研究生进行项目测试的工具的。作为一名研究生助理，进行这个项目的工作让我了解到我还可以继续攻读博士学位。同年，我申请了全国各地的几个计算机科学专业的博士课

程，从事人工智能和机器人技术的研究工作。

能谈谈你在认知科学和机器人科学方面的研究生工作吗？

认知科学是一门帮助我们理解人类思维如何运转的学科，让我们理解大脑是如何学习、记忆和推理的。自从我开始做人工智能科学博览会项目以来，我就对研究人类的认知模型和思维方式非常感兴趣。因为这些知识也同时为引导人工智能的发展方向提供了新思路。将人工智能应用于机器人技术会带来更多的挑战，因为在现实世界中要操作机器人，就必须先帮助机器人理解它们所感知的内容数据，并且同时开始规划下一步的行动，让它们与周围的人或物体进行交互。

随着我们开发的机器人变得越来越聪明，我们希望它们能够更人性化地执行任务。但是，如果没有我们长期积累的经验和知识，那么我们的任务就会十分艰巨，尤其是在你尝试让机器人重复做一件事的时候，例如每天早上做早餐。这种任务虽然困难，但还是令我感到非常兴奋，因为对该任务的探索帮助我了解了人类是如何解决问题的，同时也让我有机会解决全新的课题。

我读研究生期间的工作专注于让机器人模仿人类的日常行为，而模仿是我们一直在使用的日常技能。如果你是第一次学习新的运动或游戏，有人会向你展示具体动作，并要求你先模仿练习，而不是给你一本指导手册。但机器人没有人类的模仿能力，这也是许多研究人员目前正在解决的问题。我在读研究生期间也着力于解决这个问题。如果我们能够以人类的模仿天性来改善机器人的学习和理解能力，那么机器人的动作可能比人工编程来得更加自然，学习速度也能得到提升。

你对机器人技术的未来有什么看法？

机器人技术是一个非常有趣的新兴领域。因为我们明白，对于人类来说很容易完成的日常任务，像走路或爬梯子这样的简单动作，对机器人而言却十分困难。这类问题不仅很有趣，而且很具有挑战性。

我认为机器人技术的未来将涉及越来越多的人机交互环节，这样机器人才更容易进入病房或社区为人类服务。机器人可以在过于危险的紧急情况下救出伤员，或者与医院的医生和护士一起照顾患者。

对于有兴趣编写计算机程序代码的孩子，你有什么建议?

一定要把时间和精力投入在你热爱的项目上。虽然有很多书籍和教程都可以教你如何编写通用代码，但我发现在自己感兴趣的项目上工作时，我更容易接受并学习新事物，这使我感到很兴奋。

选择项目的其中一种方法是考虑你日常生活中的琐碎小事，在你的生活中有没有让你觉得头疼的小问题，编程会不会帮助你有效地解决这些问题。例如设计一个帮助你进行学习效果测试的小工具，或一个方便整理和查阅的家庭宠物饲养指南。你还可以从你喜欢玩的计算机游戏中汲取灵感，设计一款属于自己的游戏。一旦你找到了自己感兴趣的项目，那么学习如何为该项目编写代码就会变得更有趣。

01001001001001001001001001001001001001001001001010

源代码和目标代码的区别

源代码是构成每个程序的文本，是用编程语言编写的。源程序可以是几行的小程序，也可以是成百上千行的大模块。源代码包括了指导计算机运行的所有指令，还包括来自程序员的注释。注释主要说明程序员在设计这个模块时的代码设计思路，以及说明这个模块的具体用途。这些被称为脚本的小程序可以直接由计算机运行。

大型程序一般都需要被编译之后才能由计算机执行。无论用什么计算机语言编写代码，都只能通过编译器来运行。这个过程被称为编译过程。编译器将代码转换为计算机可以理解的二进制语言，也就是我们所说的目标代码。

团队合作

绝大多数大规模计算机程序都需要团队来构建、研发并测试。从最初的想法到最终的软件产品，程序员们需要在每个工作环节上团结协作，共同努力，这样才能确保最终的产品能达到之前的设计预期，并在运行过程中没有错误。以下是一个典型软件研发团队的架构组成（工作岗位、团队规模等可能会因公司而异）（见下图）。

软件架构师和系统设计师：为软件开发团队定义项目范围。与产品经理沟通，产品经理又与商务客户沟通合作。

软件开发团队：根据软件架构师和系统设计师的愿景，将项目分解为可管理的部分或更小的模块。该团队负责把每个部分分配给其他不同的团队。

部分程序员团队：只关注他们自己需要编写的程序部分。他们将工作模块分解为可管理的更小部分并进行编写。

个别程序员：专注于编写代码的各个具体部分。

在编写软件程序的整个过程中，团队的每个较低级别都在不断地与更高级别进行沟通，以确保正确及时地完成工作，交付相关模块。

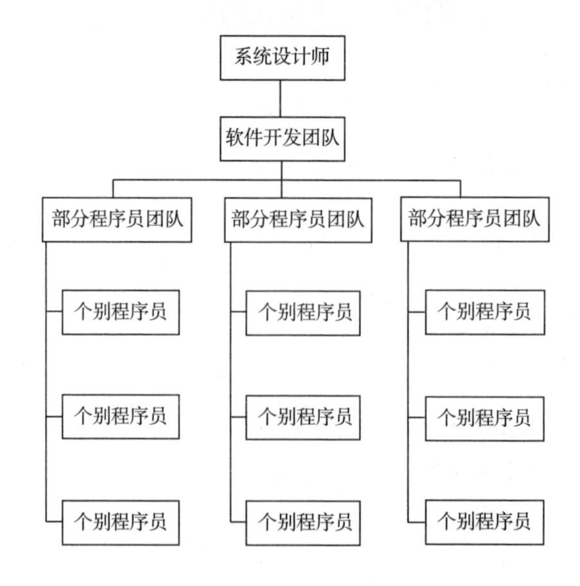

验证和审核

项目一旦开始，所有研发人员就应该各就各位。每个团队还需要设置专门的验证和审核流程。这是每个团队的领导者时刻确保团队不偏离工作正轨的基础。

验证问题关注的是“我们是否正在构建正确的程序”。这要求领导者时刻确保软件系统满足高层软件架构师和系统设计师的业务需求。

审核问题关注的是“我们是否正确地构建了程序”。这要求每个程序员要确保他们编写的代码符合软件开发团队的具体规范。

公司建立的软件验证和审核流程应该符合相关的国际标准。软件开发的标准可以在电气和电子工程师协会（IEEE）标准 IEEE 1012—2012 中找到。IEEE 1012—2012 标准被世界各地的公司采用，并且是一些大型公司强制遵守的，尤其是核电厂和医疗行业等高风险的公司。

源代码编辑器是每个程序员最重要的工具。该软件旨在帮助程序员快速查找并编辑源代码。源代码编辑器可以是一款独立的应用程序，也可以内置于 Web 浏览器或作为开发包的一部分。它用于帮助程序员编写代码并进行自动化代码测试任务。

良好程序的特点

➪ 它能流畅运行，而且没有错误。

- 它有良好的可读性，即使是没有经验的程序员，也需要保持代码的可读性。
- 它简明且精练。这种程序应该符合干程序（DRY）原则，意为不重复编写作用完全相同的冗余代码。
- 它可以快速运行，而且不会占用过多的内存。
- 即使在其他人不可见的封装部分，它也非常简洁且性能优良。
- 它不仅实现了各项功能，而且各个模块在软件中都整合良好。
- 它满足了所有预想的业务要求。
- 它可以反复运行。

计算机鼠标由道格拉斯·恩格尔巴特和比尔·英格利什于20世纪60年代在斯坦福大学研究所发明，并于1970年获得专利。该鼠标最初被称为用于显示器的X-Y位置指示器。当被问到为什么这个复杂的名字被“鼠标”一词替代，没有继续沿用时，恩格尔巴特说：“没有人记得当时具体是什么原因。大概是因为它看起来就像一只带尾巴的老鼠，后来我们都称它为‘鼠标’”。

学习编程语言的最佳方法

- 使用Code Academy或CodeHS等在线视频培训网站。在互联网上你能找到很多这类学习网站。
- 编写游戏程序能教你最基本的编程技能。你能找到很多采用计算机编程的电子游戏和棋盘游戏。
- 寻找一套适合你的编程课程。如果你即将成年，你可以在高中、大学、社区学院、当地编程俱乐部等报名参与相关课程的学习。如果你的年纪还太小，请让你的父母在网上为你寻找针对少儿的编程入门课程。

- 阅读编程书籍。书店有很多关于计算机语言的教学书籍，互联网上甚至还有免费的电子书可以下载，但有些则是收费的。你也可以前往当地书店购买传统的纸质书进行学习。请注意，有些书籍比较难理解。你不应该仅仅停留在阅读上，同时还要积极听取其他人的建议。
- 寻找一位导师。有人指导你的整个编程学习过程，这是十分宝贵的经历。他们可以帮助你克服障碍、制订学习计划，并让你在学习的道路上保持前进的热情。你应该积极研究其他程序员编写的代码。对于某些人来说，最好的学习方法是剖析另一个程序员的工作细节，参考、学习其他人的想法和实现步骤。

姓名：伊桑·艾林伯格

年龄：17 岁

工作（在课余时间）：CreateHS 网站创始人

你是从什么时候开始对编写计算机程序代码感兴趣的？

大约在我 6 岁的时候，我就开始对计算机感兴趣了。当 iPhone 应用程序商店发布时，我的哥哥决定开发属于自己的应用程序。经过一年的学习，他推出了他的第一款移动应用程序。我亲眼见证了他发布属于自己的移动应用程序，这也点燃了我的创作热情。读八年级的时候，我就真的对计算机编程产生了浓厚的热爱之情。

你是如何学习编写代码的，你都学习了哪些语言呢？

在八年级的时候，我鼓起勇气去学习计算机编程。我觉得了解语言背后的算法和阅读理论书籍很无聊。我试图通过观看编程教学视频、不断创建小项目等方式来避免纸上谈兵的低效学习方法。

当我进入高中时，我很高兴能够在更正式的环境下继续学习。不幸的是，我的学校没有为新生或二年级学生开设计算机科学的相关课程，我只能继续采用网络途径进行自学。那时候，我在一个叫“Team Treehouse”的在线课程网站学习编程，并继续开发新的小项目。

我相信最好的学习方法就是实践。我创建了许多辅助项目，以便通过实践提高我的编程技能。到目前为止，我了解的编程语言包括 HTML、CSS、JavaScript、Java、Python、Flash 等。目前我正在学习 Swift。

能谈谈你开创的编码竞赛项目CreateHS吗？

当我意识到学习如何编程的最佳方式是不断实践之后，我就下定决心要找一个竞赛项目，以便让我保持积极性。在搜索了整个互联网后，我却没有找到任何针对高中生的计算机编程竞赛。

我使用一些开发技巧，建立了一个名为“CreateHS”的网站项目。CreateHS 是一个周期性举办的月度比赛，我在网站上发布一项编程任务，并收集来自世界各地的孩子们的程序代码。

我聘请了计算机科学领域的知名人物担任评委，同时还邀请顶级科技公司捐款赞助大赛奖品；评委包括亿万富翁、流行编程语言创始人、大公司的首席执行官等，赞助商包括 Dropbox、Microsoft、GitHub 和 Team Treehouse 等。最重要的是，CreateHS 让我有机会与世界各地的孩子们保持联络。

经过大约一年的月度挑战比赛后，现在每个月我都很难再找到新的评委和赞助商。我不得不搁置这个项目，而当下我正在积极想办法扩大这项赛事的规模。

为什么你认为当下青少年学习编写计算机程序代码很重要?

无论你是否从事与计算机科学相关的职业，编程都能教会你从不同的角度思考问题，并对你的职业生涯产生深远的影响。当然，谁不希望独立创造一个梦寐以求的软件项目呢?

你是如何平衡你的学业与其他课余活动的?

我会优先考虑完成学校的作业。我希望我能进入拥有本国顶尖计算机科学专业的院校进行深造，不仅仅因为这样的院校有最好的计算机教学设备和教师，而且我也希望和其他有共同兴趣爱好的同学进行交流协作。

你对自己10年后的职业生涯有什么期待吗?

我希望能加入硅谷的一家科技公司。我现在暂不确定我为什么会有这个想法，但我知道我想从事与计算机科学有关的工作。

0100100100100100100100100100100100100100010010

继续迭代——软件项目的生命周期

即使在成功编写了一个软件之后，还是有很多的后续工作要做。我们需要致力于保持现有软件的最新状态。这其中包括编写升级模块、修复客户在使用软件时遇到的各种错误，并不定时添加客户需要的新功能。

工程师们的最后一项职责，是决定什么时候停止对一款硬件或软件产品的技术支持，以及如何中断支持使其退出消费市场。这可能是一个非常困难的决定，因为可能已有数百个程序员为这款产品投入了不懈的努力。这个过程被称为产品的“日落”，即有意逐步淘汰或终止某些产品的研发和销售。在编写软件时，我们会决定是否要逐步淘汰这款产品。一般情况下，随着客户需求的变化，我们不得不这样做，因为软件的维护成本已经渐渐超过重新开

发的工作总成本。要进行软件产品的淘汰，我们必须确保已经实现如下内容。

- 不透露旧产品内部的敏感信息。
- 帮助客户顺利过渡到新系统或其他软件程序。
- 需要保存的数据已经被安全妥善地存储。
- 废弃信息已经被妥善销毁。

为了让孩子们对编程产生浓厚的兴趣，美国谷歌公司推出了游戏《封锁》(*Blockly*)。这款游戏能让孩子们无须在键盘上打字，即可编写计算机程序。《封锁》游戏看起来像是利用了组合拼图的方式来创建计算机程序。每个游戏关卡都建立在上一个关卡的基础上，并可以轻松愉快地向孩子们介绍计算机编程的有关知识。

在掌握了 Maze、Bird、Turtle、Movie 和 Pond 等游戏的编程方式之后，孩子们将逐步转向常规的基于文本的程序设计。《封锁》游戏可供全世界各地的孩子们使用，并已经被翻译为多国语言，其中还包括克林贡语的版本！

编程的未来

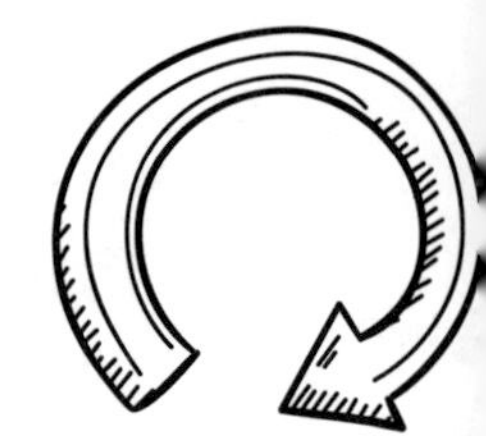

- 计算机需要更快的速度！在今天，图形处理单元（GPU）逐渐崛起，并超越了中央处理单元（CPU），计算机的中央处理单元正在渐渐被图形处理单元所取代。
- 由于需要处理大量的数据，计算机的运算速度难题亟待解决。目前，程序员正在寻找创新性方法，将程序分解为多个可管理部分。他们将继续通过使用对称处理（SMP）和多线程（MT）运算等技术来处理大量的数据，从而解决耗时的运算难题。
- 未来的一切都将是数据化的，数据库将统治全世界，越来越多的信息被存储在日渐庞大的数据库中。世界将会步入存储数据、操纵数据、使用数据、推算数据的大数据时代。

➪ JavaScript 会统治编程领域！在信息技术媒体企业——信息世界公司工作的彼得·维纳表示："大型机拥有 COBOL 作为支撑。生物学家可能会坚持使用 Python 语言来解决问题。Linux 系统使用 C 语言编写。但几乎所有剩余的领域都将被 JavaScript 统治。"

➪ 每个人都将拥有属于自己的安卓（Android）系统设备！Android 操作系统正逐渐在移动操作系统的市场竞赛中占据上风。

➪ 程序员这个职业将受到空前的欢迎。虽然越来越多的青少年开始学习编程技术，但只有能够充分理解数学逻辑和复杂代码的人才能够脱颖而出。如果你是其中之一，那么必将获得广阔的职业发展前景。

小测试

未知目的地

计算机程序员非常擅长分析一个大体量的复杂问题，并将其分解为更小的部分来解决。一旦他们理解了这些小问题的解决步骤，他们就会编写一套算法指令，告诉计算机每一步应该做什么。在本次的小测试中，你和你的朋友就将模拟这些解决步骤。程序员必须富有逻辑性地将算法清晰地传达给计算机。

你需要：

网格纸

两支铅笔

说明

游戏角色与设定

1. 确定哪个玩家扮演计算机，哪个扮演编码器。
2. 将一张网格纸交给计算机玩家，模拟内存映射。
3. 将另一张网格纸交给编码器玩家，模拟读取到的程序。
4. 沿网格纸的任一边选择一个方格作为起始点，并在方格内写一个字母 S 作为标记。完成后，两个玩家的网格纸应该完全一致。

具体游戏规则

1. 计算机玩家：选择网格纸上的一个方格作为目的地，并在方格内写一个字母 X 作为标记——不要让编码器玩家看到你的目的地标记。你设置的目的地必须位于起始点的对角线方向。这意味着如果起始方格位于网格纸的右上角，则目的地必须设置在网格纸的左下位置。
2. 编码器玩家：编码器玩家的工作就是帮助计算机玩家到达设计好的目的地方格。他需要向计算机玩家清晰地说明移动的位置（从标有 S 的方格开始）。例如“向前移动 1 个方格”或“向左移动 3 个方格”都是很好的交流方式。“到某个方格去”并不是一个好的指令，因为它没有告诉计算机玩家移动的精确方向和距离。

3. 使用铅笔，计算机玩家按照编码器玩家的指示从一个方格移动到另一个方格，直到到达最后的目的地。在游戏过程中，计算机玩家不能与其他任何人交流，只能按照编码器玩家的说明进行移动。
4. 当编码器玩家到达目的地方格的时候，计算机玩家应该告知“应用程序完成”。
5. 接下来进行计算，看看到达目的地需要计算机玩家执行多少次移动动作。
6. 改变目的地方格的位置，并重复进行游戏。成功地把计算机玩家从起始点送到目的地且应用指令最少的玩家，就是游戏的胜利者。

升级游戏规则

1. 计算机玩家可以将几个方格涂黑，这些地方是不可通过的障碍方格。如果编码器玩家想要指示计算机玩家越过障碍方格，那么执行动作会更多，指令也会更加复杂。
2. 计算机玩家可以用笑脸标记网格纸上的方格，并规定必须在到达目的地之前经过至少一个笑脸方格。
3. 编码器玩家可以尝试组合指令，以便计算机玩家更快地进行移动。例如，编码器玩家可以说："向前移动 1 个空格并向下移动 3 个空格。"这可以提供精确的指令并帮助计算机玩家更快地找到目的地。
4. 使用更大的网格纸能增加不少的游戏乐趣。

总结与反思

➪ 这个游戏和编写计算机程序代码有什么异同点？

➪ 如果从编码器玩家的角度考虑，如何才能更容易地找到目的地？

➪ 这个游戏与现实世界的程序员思考并解决问题有何异同之处？

➪ 不得不通过笑脸才能完成游戏是不是更难？为什么这会增加游戏的难度？

➪ 在游戏过程中，出现过移动命令不清晰的情况吗？编码器玩家如何才能让命令更加清晰？

➪ 网格纸的大小会改变编码器玩家声明命令的方式吗？如果网格纸很大，那么游戏过程会有什么不同吗？如果网格纸很小呢？

计算机系统与应用程序开发

问题：更换灯泡需要多少计算机软件程序员？

答案：一个都不需要，因为这是一个硬件问题。

世界上第一台计算机的体积非常非常大，大到能把整个房间都装满。在计算机诞生之后的几十年中，只有在大型公司或大学工作的科学家和工程师们才有权使用这些庞然大物，程序员仅仅专注于让计算机执行特定的运算任务。这些运算任务非常耗时，但结果也非常精确。20 世纪 50 年代中期，真空管被晶体管取代，计算机的体积变得越来越小。与此同时，计算机运算消耗的电能和产生的热量也越来越少。在一个单位时间内，计算机可以处理比原来更多的数据。

在接下来的 10 年中，晶体管逐步被集成电路取代，计算机的商业和家庭需求逐渐增加。这些变化都要归功于微处理器的发明，它使计算机变得越来越小，并进一步推动了计算机的下一个繁荣时期的到来。在这个时期，个人计算机开始被研发和销售。随着个人计算机时代的到来，人们对计算机的移动性需求越来越高。今天，人们希望计算机的体积越来越小，同时功能越来越强大，计算机的繁荣时期一直持续到今天。

英国初创企业开放仿生公司的程序员正在设计一款计算机程序，该程序可以使用 3D 打印机来制造医用假肢！他们预计，使用 3D 打印工艺制造的仿生机器手，其售价仅为市场上其他传统假肢的 1/10。如果接下来的测试环节一切顺利，开放仿生公司希望以非商业许可的方式，于 2016 年发售本产品。非商业许可的产品允许慈善团体和截肢者安装使用，但不能进行商业销售。该公司的口号是：“我们正在以更酷的方式武装大众！”

你目前正处在计算机的时代，你所听到的、看到的、所做的一切都以某种方式被接入了计算机系统。例如，你在家用电视上使用流媒体技术观看视频，在电子阅读器上阅读书籍和杂志，在手机和平板设备上玩电子游戏，甚至当你找第一份工作时，都需要了解如何使用计算机。如果没有计算机软件程序员来编写相关的软件代码，所有这些行为都将不复存在。

姓名：埃默里·彭尼

工作：美国英特尔公司软件工程师

你是从什么时候开始对编写计算机程序代码感兴趣，并决定将其作为你职业生涯的发展重点的？

我对计算机始终非常有兴趣。从 10 岁那年开始，我的家人和朋友就会让我帮助修理他们的计算机。高三的时候，我开始花时间进行真正的编程尝试。坦白地说，我一直在寻找相对简单的选修课程来积累我的学分，那时我们学校提供了计算机编程入门课程。因为我觉得数学和计算机科学是相对容易的课程，应该能够轻松地拿到学分，所以就选修了该课程。但后来，我惊讶地发现这门课程给我带来了不小的挑战。在开课后的前 6 个星期，我几乎对老师的授课内容一头雾水。突然有一天我豁然开朗，理解了编程究竟是怎么回事。这是我人生中第一次感受到编程的挑战性与乐趣。

你在获得目前这份工作之前，都有过哪些培训/工作经历呢？

在上完编程课后，我就开始申请在英特尔公司的实习机会。我参加了好几轮面试，发现自己还有很多东西要学习。于是我整个暑假都在计算机前学习编程，编写了一些简单的小应用程序，以便提高我的编程技能。我写了一个计算日期的小程序，只要在其中输入两个日期，程序就能计算出两个日期之间间隔了多少天（一种倒数计时器）。我记得我在这个小项目上花费了好几个星期的时间，试图正确处理年和月的计算规则。同时，我还写了另外一个小程序，可以检索所有歌手及其发布的专辑的信息，并将其收录到数据库中。

上高三那年的初秋，我成功地获得了到英特尔软件部门实习的机会。在去上大学之前，我花了一年的时间吸收整个实习过程中所获得的知识。由于学费高昂，我没有完成我的大学学业。但是在离开学校后，我在英特尔和其他公司找到了一些临时工作。这些工作都持续了 9 至 12 个月的时间。在此期间，我尝试在各类项目中吸取经验。这一过程艰苦而漫长，但我从各种项目中也收获了宝贵的经验。同时，我以勤奋的态度和出色的解决问题的能力获得了良好的工作声誉，这也最终帮助我赢得了一份在英特尔公司的正式工作，我终于可以从事我喜欢的职业了！

能谈谈你之前担任构建／发布工程师的时候都从事哪些具体工作吗？

我很难用简单的几句话概括这个岗位的工作内容。在我为团队工作的 7 年里，项目的困难程度让我至今印象深刻。

我所在的工作团队负责维护软件开发的秩序。我们的主要任务之一是在编写代码的开发人员、要求变更的利益相关方、实际交付使用软件的客户之间建立联系，同时划分权责，协调各方。我们在软件问题、接收问题的售后工程师、软件修补方案，以及受影响的对象上都进行了整理和抽象。目前，团队已经为来自德国、以色列、希尔斯伯勒、加利福尼亚等多个国家和地区的近 12 个软件开发团队提供了支持。

我们的目标是让软件开发团队在 5 年之内解决以下问题：为什么要提交这个版本的更改？这个版本是哪位工程师提交的？这个版本是在什么时候提交的？该软件的哪些版本进行了更改但没有上传这些更改？那时的源代码是什么样的？

要解决这些问题，就需要分析大量的数据，特别是当团队每个月要处理 15000 个模块的时候。尽管大多数软件漏洞都无法在一个版本内得到一次性修复，但这些漏洞仍然是我们需要关注的重点。我认为该职位在很多方面就像是图书管理员和会计的结合体。我们不仅必须盘点每一个发行版本的全部内容，还必须管理旧的发行版本并给予兼容和维护。总而言之，这项工作所涉及的问题都非常具有挑战性，但我还是感觉非常有趣！

能描述一下你目前担任测试主管这个职位的工作内容吗？

作为验证 / 测试负责人，我负责把关即将发布的产品的质量。我还需要和开发人员以及公司管理层合作，以便明确产品的更改细则。我们还需要进一步确定如何测试要更改的部分，以此保障产品的质量。例如，这些新功能是否存在安全隐患？我们的产品是否支持新平台的新特性（Windows 10、Android Marshmallow 等）？在逐一评估之后，我们团队将继续制定措施，进一步改善接下来的产品测试流程。

我还同时拥有很多的职务头衔，其中包括实验室经理、研发团队负责人、自动化开发工程师。作为实验室经理这一角色，我需要保持大量手机、计算机、平板电脑随时运转良好；作为团队负责人，我需要在团队会议上花费很多时间，并与来自俄罗斯的团队协调合作，以提供交付时间表和产品质量方面的第一手信息；作为自动化开发人员，我负责编写自动化脚本来批量测试我们产品的功能。我致力于设计自动化工具，将产品的测试、构建和发布过程集成到一起，并维护用于监视服务器和测试系统正常运行状态的基础结构。

能谈一谈你所在的团队编写测试程序的经历吗？

一开始，我们会首先确定被测目标——通常是一项新功能或某些增强特性。我们会聚在一起，开会讨论这个新功能应该有什么样的具体表现：这个功能有什么作用？客户将如何使用这个功能？他们可以用这个功能做什么？他们应该怎么操作？我们如何尝试破坏这个功能？

回答完这些问题后，我们就可以开始编写测试方案了。第一轮测试通常是人工验证新功能是否按预期执行，并以此编制手动测试步骤列表。编写完手动测试步骤列表之后，就可以编写模仿人类操作的脚本软件，自动执行每一个测试步骤，并检查软件的反应。这些脚本会在测试过程中判断被测软件是否输出了正确的结果，并第一时间反馈给我们。

当然，自动化测试软件（像其他任何软件一样）也有其自身的错误和缺陷。因此，我们也需要人工测试这些软件，否则我们将不得不编写新的自动化测试软件来测试我们的自动化脚本。如果这样的话，我们的测试工作就会没完没了。

你每天的工作强度如何？

每天早上 8 点至 9 点，我会在计算机前开始工作。我的工作时间具体取决于我是否与海外工程师展开合作，如果有需要，我会在早上 7 点左右进行跨国电话会议。通常我早上要做的第一件事就是查看我的电子邮箱。在我睡觉的时候，地球另一端的工程师一直在努力工作；他们一天的工作刚刚告一段落，我就要立即跟踪他们之前的项目，并仔细检查是否有遗漏。

接下来，我会列出所有测试系统的工序。在这个环节中，我需要逐一确认所有工作内容没有遗漏，每一项工序都可以按预期进行。我通常会进行隔夜测试等预设的自动化操作。我每天上午 10 点左右进行团队内进度沟通，与团队中的每个人保持同步。这个会议是大家汇聚一堂的好机会。团队成员一一汇报即将完成和正在进行的工作，借此机会团队成员之间还能相互寻求帮助，解决自身的问题。

根据当天任务的不同，我日常工作的其余部分还包括：会议、编写文档、编写和更新自动化测试程序、配置测试所需的平台硬件（Android 平板电脑、Windows 虚拟机）。每一天我都有不同的工作目标。

你对计算机编程行业的未来发展有什么看法?

未来需要编写和维护的软件只会越来越多。随着技术变得越来越复杂，需要计算机软件解决的问题也会越来越复杂。我认为，任何对解决问题有兴趣和热情的人都应该参与到计算机编程行业中来！虽然事实证明这个行业并非适合所有人，但你依然能对这些软件的工作原理有更好的理解。

你对有兴趣成为程序员的孩子们有什么好的建议吗?

互联网使我们自学编程变得更加简单，现在互联网上已经有数以百万计的在线编程教程。我通常这样鼓励孩子们，首先要专注于做自己觉得有趣的事情。只要你对编程感兴趣就可以，你的项目不需要带有很特殊的革命性或创新性。我也建议孩子们找一些志趣相投的小伙伴一起学习。你们不一定需要在同一个项目上进行协作，但是当你遇到问题时，最好请你的小伙伴帮你分析一下代码。

程序员一职

我们整理了所有和编写代码相关的工作职称，这可能会给你带来全新的行业知识！当你准备从事计算机编程行业时，会接触到非常多的行业术语。一旦你从事该行业，就能清楚地理解这些术语之间的细微差别。

这里将向你介绍一些涵盖大多数代码编写行业的关键职位。这些职位头衔通常以人们所熟悉的主要程序设计语言（例如 C++、Java 或 Fortran）作为前缀，也有一些是带有“web”和“cloud”等前缀的职位。

- ➪ 开发者
- ➪ 程序员
- ➪ 软件工程师

特别要注意的是，从事该行业的任何人都应该具备不局限于编写代码能力的技能。作为程序员，你需要编写、调试和维护计算机完成其任务所需的详细指令。除此之外，你还需要具有强大的沟通能力、项目管理技能、倾听与理解用户需求的能力，以及团队协调能力和时间管理能力。

程序员的日常工作

- ➪ 使用多种不同的程序设计语言来编写代码。
- ➪ 编写测试程序和脚本来测试目标程序。
- ➪ 更新现有的程序，使其运行起来更快更流畅。
- ➪ 编写扩展程序功能的代码，例如增加打印文档功能。
- ➪ 与团队合作设计新系统或新应用的架构图。
- ➪ 发现程序中的漏洞和错误并修复。这个过程被称为程序调试。
- ➪ 查找一些常用代码，并整理常用代码片段。编写一小段可重复使用的代码，并生成代码片段，这有助于加快编程速度。
- ➪ 在项目中插入评论和注释，以便同事可以遵循你的规则继续进行维护。
- ➪ 与开发人员、工程师、设计师合作，以保证项目朝着正确的方向发展。

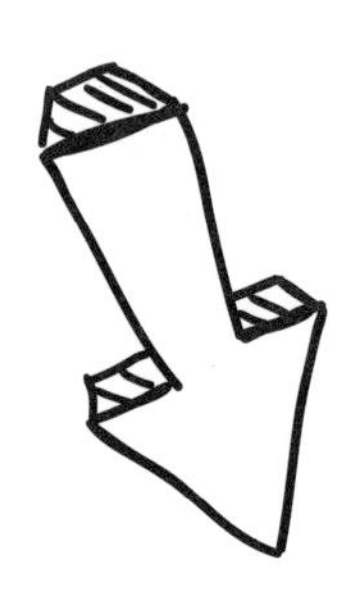

程序员的职位有很多，要找到适合你自己的领域可能会很困难。我们罗列的工作内容也不可能尽善尽美，但其中的项目确实是计算机程序员会接触到的。希望这些信息能引起你的注意，并启发你继续学习。

系统程序员

系统程序员负责编写计算机操作系统软件，操作系统是控制每台计算机的大脑。

计算机软件工程师在哪里工作

- 企业信息技术部门。
- 大型软件公司，例如微软、甲骨文（Oracle）、亚马逊和戴尔。
- 专注于网页设计、游戏和业务程序的中小型外包服务公司。
- 咨询公司，比如为各种客户提供合同工的公司。
- 诸如医院、学校、保险公司、机场、零售店、制造公司和政府。
- 生产微处理器等产品的硬件公司。

<计算机系统架构师/设计师/>

计算机系统架构师与客户紧密合作，以弄清客户所在公司的业务需求。他们专注于计算机系统和应用程序的整个架构，确保它们能够顺利安全地协同工作。系统架构师和设计师为软件公司、IT 公司、大型工程公司、电信通信公司和金融机构等工作。如果你想成为计算机系统设计师，你首先要熟悉许多编程语言和操作系统。一些公司会聘请系统设计人员，且大多数都是按合同聘用。工作完成后，他们通常会为项目提供额外的技术支持。你无法一开始就获得系统架构师或设计师的头衔，所以你应该从编程开始，然后逐步提高自己的技术水平，增加行业经验。

计算机系统设计师的关联职位

- ➪ 计算机系统设计工程师
- ➪ 计算机系统工程师
- ➪ 计算机软件工程师
- ➪ 计算机系统分析师

计算机系统架构师/设计师的工作职责

- ➪ 与客户面对面沟通，以确定公司的需求。
- ➪ 决定哪种系统能满足客户提出的需求。
- ➪ 编写兼容新系统并与当前软件共同协作的代码。
- ➪ 组织软件升级，并尽可能减少对已有模块和业务的干扰。

- ➪ 编写对用户友好的软件培训手册。
- ➪ 反复测试软件系统，以确保其有效运行。
- ➪ 不断扩充新代码，以便解决原有问题，或扩展原有软件的功能。

聚焦阅读

艾伦·麦席森·图灵（1912—1954），计算机科学理论与人工智能之父

艾伦·图灵于 1912 年 6 月 23 日出生于英国伦敦。他的父亲在位于印度的英国外交部门工作，所以在整个童年时期，图灵和他的兄弟约翰都被托付给家人的朋友照顾。

图灵 6 岁上学的时候，他的老师们很快发现他是个天资聪慧的孩子。13 岁时，他被谢伯恩学校录取，这是一所只招收男孩的私立学校。1926 年，工人们发动了大罢工运动，他前往谢伯恩学校报到的行程因此受阻，于是被迫独自一人骑自行车前往 60 千米之外的学校，并在沿途的旅馆住了一夜。

从谢伯恩学校毕业后，他被剑桥大学的国王学院录取，并获得高等数学专业学位。1931 年，他受到哥德尔一般递归函数概念的启发，提出只要将机器的执行指令作为一种算法（一步一步可分离的特定指令集）展示出来，它就可以执行任何数学运算这一观点。这个由他假设出来的计算机设计模型被称为“图灵机”，现代计算机的基础设计思想由此诞生了！

就读于美国普林斯顿大学期间，图灵还学习了数学和密码学，即如何解密或加密信息，以及设计密码。在获得了该大学的博士学位之后，他于 1939 年回到英格兰，并帮助第二次世界大战中的英法联军，他的密码学知识对当时的军队具有重要作用。

在整个战争期间，图灵都在布莱切利园工作，英国政府在该处设立了计算机和密码研究所。该研究所进行着绝密的研究工作，致力于破解德军的神秘人（Enigma）和洛伦兹（Lorenz）密码。图灵和他所在团队的研究成果锁定了这场战争的最终结果。他们将战争结束的时间提前了2到4年，并挽救了超过1400万人的生命。1945年，图灵被授予大英帝国勋章，但他对战争所做的贡献一直被政府作为机密保守着，直到多年以后才被公开。

20世纪40年代中期，图灵前往位于米德尔塞克斯的国家物理实验室工作，工作内容是设计一种自动计算引擎。他在1946年2月19日发布的论文中介绍了他的工作内容，并在该论文中详细介绍了第一台能够存储程序的计算机模型。

1948年，图灵加入了曼彻斯特大学数学系。一年后，他成为英国皇家学会计算机实验室的副主任，并开始为最早的计算机——曼彻斯特马克一号编写计算机系统与软件。1954年6月7日，在42岁的时候，图灵疑因氰化物中毒去世。至今，他的死因还是个谜。

<计算机系统程序员/>

系统程序员编写并维护着充当每台计算机大脑的操作系统。操作系统就像任何生物的大脑一样，直接控制着计算机的行为。系统代码控制着计算机如何运行应用程序、存储数据、分配内存需求、驱动键盘和鼠标等外置设备，以及与其他机器如打印机、扫描仪或照相机进行交互。机器语言和汇编语言是面向机器的低级编程语言，它们通常被用于计算机制造商、系统软件公司和军队。招聘系统程序员的公司通常还会聘请拥有计算机科学、计算机工程、微电子科学、物理学或数学等学科学士学位的专业人才。

通用操作系统

Android：Android是基于Linux的操作系统，由美国谷歌公司开发。这种操作系统广泛使用于智能手机、平板电脑、智能穿戴手表等便携式触摸设备，也被用于智能电视、车载系统、数码照相机、电子游戏机。该系统使用触摸交互的方式（例如轻击、轻扫、双指捏合等）来执行虚拟键盘的交互操作。

IBM z/OS：这是专为 IBM 大型计算机设计的 64 位操作系统。大型计算机通常由公司或政府所有，用于处理重要的工作，例如处理银行交易、纳税申报信息、人口普查数据以及其他相关的业务。

iOS：此操作系统仅在美国苹果公司出品的移动设备上安装使用。

Linux：莱纳斯·托瓦尔兹（来自芬兰赫尔辛基的一名大学生）创建的一种免费的开源操作系统。该系统不仅被用于为企业和大学搭建工作站，还参与了电影《泰坦尼克号》的后期制作，并成了这部电影票房大卖的重要“功臣”。

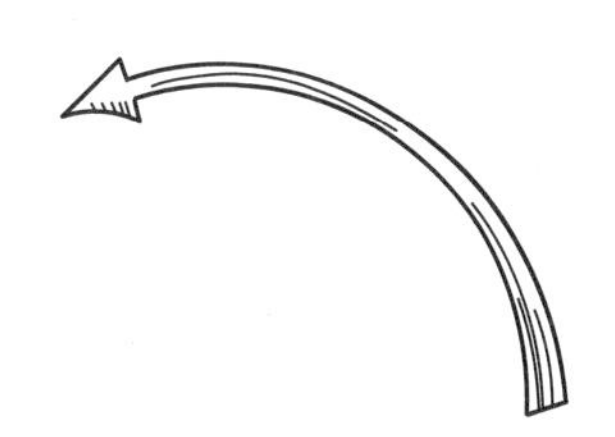

Microsoft Windows：美国微软公司开发的图形操作系统。这种操作系统抛弃了枯燥的文本行操作方式，允许用户使用图形窗口界面来与计算机进行交互。

OS X：这是苹果公司出品的计算机（Apple Macintosh）所主要使用的操作系统。

QNX：这款操作系统往往为特定的任务而设计，并在嵌入式系统中使用。嵌入式系统不仅用于数字手表和 MP3 播放器等便携式设备，而且可以用于交通信号灯、混合动力汽车等大型工业设备。

UNIX：该操作系统最早可以追溯到 20 世纪 70 年代贝尔实验室开发的 AT & T’s UNIX 系统。

姓名： 安妮·泽佩基

年龄： 16 岁

工作（在课余时间）： “女孩学编程”项目的创始人

你是从什么时候开始对编写计算机程序代码感兴趣的？

我的家就在硅谷附近，周围有一批最为成功且知名的科技公司。我的父亲、姑姑和祖父都拥有工程学和计算机科学专业的学位。在这种家庭环境下，我自然对这些公司及其员工的工作与生活非常感兴趣。在八年级的暑假，我参加了美国大学妇女联合会举办的科技讲座，并聆听了来自丹妮尔·芬伯格的“计算机科学如何应用于皮克斯电影”的演讲。从那时候起，我就开始对学习计算机编程感兴趣了。

你是如何学习编写代码的？你都会使用哪些编程语言呢？

我高二的时候在计算机科学课上学习了计算机编程。在此之前，我没有任何编程经验，但是从小我就对数学和科学非常感兴趣。在那堂课上，我学习了如何使用 Java 语言进行编程。

大二的暑假，我在斯坦福大学学习了关于客户端技术的课程。在那里，我重点学习了如何使用超文本标记语言（HTML）和级联样式表（CSS）对网站进行编程，以及如何使用 JavaScript。目前，我正在自学 Python 编程语言。

我们听说你发起了一个激发女孩们学习计算机科学兴趣的项目，能具体谈谈这个项目吗？为实现这个目标你都做了哪些努力呢？

我决定创建一个名为“女孩学编程”的网站项目。因为我想尝试向十几岁的女孩们介绍学习计算机编程的新方式。同时，我还想吸引更多的女性加入该领域。尽管在很早以前，国家和地方就推出了很棒的推广鼓励计划，但是对于想要快速了解计算机科学是什么并学习编程基础知识的女孩来说，可供使用的实际资源并不够。就我的网站项目而言，我旨在为女孩们提供计算机编程基础概念、Java 语言入门知识，以及如何进行具体编程等相关内容。我想让她们对计算机科学产生浓厚的兴趣，以促使她们更深入地研究这个主题。

我的网站项目包括几个组成部分。首先，网站收录了 15 节关于 Java 的青少年入门课程，这是计算机科学课程中编程语言的学习部分。这些课程足够简短、精练，用户可以在大约 5 分钟的时间内学完其中任意一节课，同时还包括课后复习题。这些复习题可以帮助用户真正消化所学内容。该网站上还有一个实例项目集合，其中包含了用 Java 语言编写的实际项目，它们均可通过编译器运行。同时，我还上传了关于如何用 HTML 编程的一些基本说明。HTML 是用于前端开发的超文本标记语言。

第二部分是关于如何制作自己的 HTML5 网页幻灯片，以及如何在网页上创建可动的各种图形的介绍。在网站上我最喜欢的页面是“现实世界”中的“计算机科学”页面。在此页面上，我提供了许多计算机科学应用于不同领域的信息，其中包括体育、音乐、电影等。我创建此页面的原因之一，是很多女孩错误地认为计算机科学与这些领域毫无关系。她们对计算机科学的认识还停留在某一个特定的设备上，比如日常使用的智能手机或笔记本电脑之类的硬件设备。

网站上有一个叫作“资源”的页面，其中列出了女孩们可以寻求帮助的编程组织列表。这样女孩们就能很容易地找到夏令营活动、计算机课程、开发者聚集社区等，方便她们进一步学习。

我计划在未来几年内继续优化这个网站。你可以将我目前的工作视为初稿。我想更新站点的界面效果、在 Java 栏目中添加更多的相关课程，并上传更多的示例解答信息和项目资源。

你能分享一下设计、开发和发布网站的全过程吗？

设计网站的过程是非常有趣的。首先，我会使用草图本记录下对每个页面布局的思考和设计，包括每个页面要如何设计、计划使用哪些组件、如何进行页面配色，以及如何在页面上排列每个控件。在构思之后，我会按照计划，编写网站项目中每一个 HTML 页面的代码。当我发现我设计的布局在屏幕上和在图纸上看起来效果不一致时，我就会不断调整并修改，逐步建立网站内的一个个页面。

设计过程的另一个重要部分，是确定网站的内容。我根据自己对编程语言的了解，亲自用 Java 编写了所有的课程代码（同时我还进行了检查，以确保正确）。我希望用简单、有趣的方式呈现复杂的操作，但在实际设计课程的过程中，我发现这很困难。因此，我对如何学习以及如何有效地教学进行了大量研究。最后，我决定大大缩短课程的时间长度，以便用户在闲暇时可以快速学习新知识。同时我还设计了复习题，以帮助用户进行复习回顾。

为了实现这些想法，我使用标记语言 CSS 来管理网站使用到的所有颜色、对齐方式、字体和其他样式。网站的实际组成部分（如文字和图片）是由 HTML 代码构成的。在启动该项目之前，我已经进行了一个暑假的系统性学习，所以对如何编写网站代码相当了解，而编写一个正式上线的项目对我的技能是很好的锻炼，并可时刻确保我使用了正确的语法和标签。在 HTML 中，你会用到一些被称为标签的东西，标签是被尖括号括起来的字母或单词组合。例如，<p> Hello! </p> 表示一个段落（“段落”一词的英文首字母为 p），显示为“Hello! ”。

一旦将所有内容都放到页面上，就意味着网站正式上线了。首先，我需要购买一个空间和域名来发布该站点，以便每个人都可以看到它。其次，我还必须确保所有页面都能够相互链接和跳转。为了做到这一点，我要确保每个文件被归类到正确的文件夹中，同时还必须在每个页面上编写跳转向其他页面的代码。在完成这一系列的操作之后，我的文件变得井井有条，项目也就可以正式发布上线了。

将文件上传到服务器空间非常简单！当我第一次看到自己的网站项目对外公开展示时，我觉得这一定是我做过的最酷的事情。是的，我做到了！我感到自己所有辛勤付出换来的收获大大超出了自己原本的预期。

为什么你认为女性的加入对计算机科学领域来说非常重要?

我们的世界需要更多的女性从事计算机编程工作，女性可以为该领域带来更多的创新。我读过的一些研究资料证明，女性可能会对计算机科学工作产生更深更广的社会影响。越来越多的女性同事参与到计算机科学领域中来，也有助于与男性一起共同创造更加美好的未来。

在未来 10 年里，将会有很多与技术相关的就业机会。为了跟上行业发展的步伐，我们需要公司员工具有创造性思维，能提出全新的想法和解决方案。而女性是该领域几乎从未开发的资源，目前这个行业很少听到她们的声音，但她们恰恰最有可能帮助男性工程师创造出脱颖而出的成果和产品。

你是如何平衡功课和其他课余活动的?

有时我很难平衡我的其他课余活动和学业，但通常我都使用优先级的办法来安排我的工作和日程。首先，我会列出所有需要做的事情，最重要的事情在顶部，最不紧急的事情在底部。然后遍历清单，每天尽可能多地完成。我发现这个日程管理方法对我来说真的很有用。除此之外，我在工作时也尽量保持专注，以便能保质保量地完成所有事情，还要避免各种社交媒体和电子游戏的诱惑。

你希望自己10年后是怎样的?

我希望我能在科技行业工作。我想为那些有社会责任心、积极回报社会的公司工作。我希望通过自己的工作对社会产生积极的影响。然后，我还希望组建一个家庭。如果有机会，我希望能从事与计算机科学教育相关的工作，以便我可以与他人分享我的兴趣和知识。

应用程序程序员

这些程序员专注于编写安装在每台计算机上的应用软件的程序，以及执行不同的任务，例如文本处理、文档设计、电子邮件和私人信息安全等。与操作系统项目相比，应用程序往往需要雇用更多的程序员来编写。

移动应用程序指的是在移动设备上使用的程序，是为执行特定任务而编写的软件程序。你在设备上安装好应用程序之后，该程序在操作系统内部运行，直到你将其完全关闭。在大多数情况下，我们会在操作系统中一次运行多个应用程序；在操作系统层面上，这被称为“多任务处理”。

<软件开发人员/>

软件开发人员的编程工作是极具创造性的，他们设计的程序能供用户在计算机和移动设备上完成各种任务。一些软件开发人员负责开发运行于设备上的底层系统，而其他的开发人员负责编写在该设备上运行的应用程序。许多软件开发人员都为游戏公司、软件发行商、计算机系统设计集团等大型公司工作。

软件开发人员的工作职责

- 构思并分析用户的需求。
- 设计合理的软件结构，以满足客户的需求。
- 编写软件程序。
- 测试并复现软件错误，同时解决问题。
- 设计每个软件程序与其他程序交互的流程。

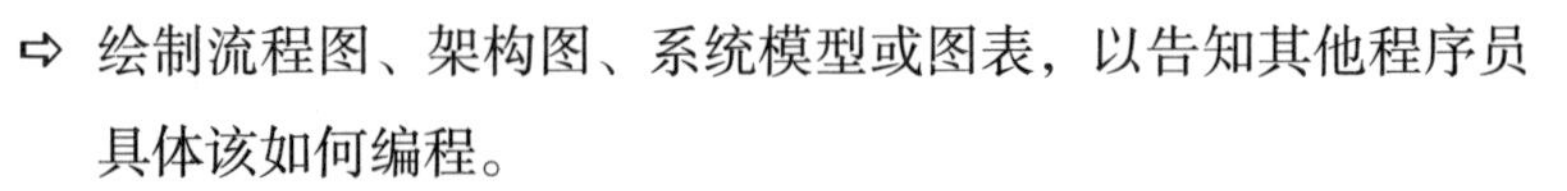

  - 绘制流程图、架构图、系统模型或图表，以告知其他程序员具体该如何编程。
  - 定期对程序进行维护和测试，以确保程序的正常运行。
  - 记录所做的一切，以便他人及时了解项目的当前进展与未来规划。

软件开发人员是最了解项目全局的人，他们的设计管理工作贯穿了软件研发的全过程。程序编写完成后，他们还将负责修复代码中的缺陷，使程序更易于使用。在软件程序发布后，他们还将继续编写更多的兼容、升级和维护代码。

<计算机程序员（简称程序员）/>

程序员大部分时间都在编写代码。他们将软件开发人员设计的架构图和系统模型转换为计算机可以理解的代码。如果你想获得一份程序员的工作，你至少需要先在大学获得一个学士学位，同时具备一定的实战编程经验。大多数程序员专注于使用某几种编程语言。程序员通常是独立工作，或以研发小组的形式协同工作。许多行业都需要这样的研发人才，其中包括医院、学校、网络公司和政府部门。

程序员的工作职责

➪ 使用多种计算机编程语言编写代码。
➪ 监视程序运行情况，并发布更新程序，以修复程序缺陷。
➪ 为原有程序拓展新的功能。
➪ 测试并修复代码中的错误。这在行业内被称为“调试”。
➪ 编写并使用自动化编写代码的工具。
➪ 将简化的模板代码收录到团队的常用代码库中。

程序员的工作领域

➪ 网站开发与设计
➪ 桌面应用程序研发
➪ 游戏、动画和 3D 图形设计
➪ 移动应用程序开发
➪ 科学与工程应用程序开发
➪ 商业和教育应用程序开发

世界上最快的 5 台计算机（截至 2015 年）

1. 天河 2 号：中国研发的“天河 2 号”是目前世界上运算速度最快的超级计算机。它的运算速度为每秒 33.86 petaflops（每秒 1 petaflop 表示每秒能够进行 1000 万亿次浮点运算）。这台计算机位于中国深圳的国家超级计算中心，供大学和中国的公司使用。

2. 泰坦（Titan）：美国运算速度最快的超级计算机，位于田纳西州的橡树岭国家实验室。它的运行速度为每秒 17.6 petaflops，但它比其他许多小型计算机都更加省电。

3. 红杉：由 IBM 公司设计，运算速度为每秒 17.17 petaflops，可用于核爆炸模拟等实验。红杉计算机位于美国加利福尼亚州利弗莫尔的劳伦斯利弗莫尔国家实验室。

4.K 超级计算机：日本的超级计算机，运算速度为每秒 10.5 petaflops。它位于日本神户的理研计算科学研究所。

5. 米拉（Mira）：这台由 IBM 公司设计的超级计算机运行速度为每秒 8.6 petaflops，它位于美国伊利诺伊州莱蒙特的阿贡国家实验室。

<桌面应用程序程序员/>

桌面应用程序程序员编写用于台式计算机或笔记本电脑的程序。这些应用程序包括如微软公司出品的 Office 办公套件，苹果公司出品的 Keynote 演示文稿软件等。他们还编写了企业资源管理系统，用来记录客户信息、整理物料库存和支付账单等。应用程序编写人员通常使用高级语言来编写代码，他们必须能够逻辑性地思考问题，并与业务人员密切交流合作。

桌面应用程序的类型

➪ 文字处理软件用于创建各种文档，例如信件、海报或者节日贺卡。最常见的一种文字处理软件是微软公司出品的 Word。

- ➪ Web 浏览器软件是你访问互联网的必备工具，有些系统已经默认安装，但是你依然可以下载自己喜欢的任何一款浏览器，例如 IE、酷容和火狐。
- ➪ 目前市场上有很多不同类型的游戏类应用程序，如纸牌游戏、射击游戏等。
- ➪ 媒体播放器用于播放音乐或电影，例如 VLC Media Player 或 iTunes。

<移动应用程序程序员/>

移动应用程序程序员致力于为小型移动设备（如智能手机和平板电脑）设计应用程序。他们必须不断学习，并适应新的移动交互规则。与桌面应用程序不同的是，移动应用程序是为较小的屏幕设计的，产品必须易于单手操作，同时仍要满足用户的基本业务需求。移动应用程序程序员一般为大型企业、科技公司，以及任何有研发需求的小型组织和客户工作。其中，一些工程师会选择独立的自由职业，而另一些则为大型公司工作。他们主要使用 Objective-C 或 Java 作为开发语言，偶尔也使用 HTML/CSS 来创建移动网站。

开发属于你自己的应用程序

目前，市场上的移动应用程序越来越多，如果你也想涉足其中，就需要通过一个富有创意的想法来打入这块市场。如果你认为自己有很棒的创意，那就可以通过以下 4 种方式销售你的产品并从中获利。

- ➪ 在你自己的网站上出售它，并希望人们能找到这款产品。
- ➪ 将其出售给更大的公司。这有些难，但还是可能发生的。
- ➪ 上架到应用商店中进行销售。你一定要为此做好准备！申请上架的过程可能很艰难，但我们相信你一定可以做到。
- ➪ 将该项目开源，以便其他人使用并进行二次修改。你无法从中直接获得收益，但可以使这个项目拥有更广阔的发展前景。

移动应用程序的类型

- Flipboard 之类的新闻类应用程序。你可以查看第一时间的新闻提要，还可以选择特定的话题类型。应用程序可以自动为你筛选文章，并将其内容实时传送到你的移动设备上。
- Wolfram|Alpha 之类的百科类应用程序。百科全书应用可以回答你提出的几乎所有问题。当然也有一些比较冷门的百科类应用程序，专注于收录诸如计算机科学或数学等特定的学科知识。
- TuneIn Radio 之类的广播类应用程序。你可以随时随地收听来自全球各地的流媒体节目、新闻访谈或音乐电台。
- S Health 等健康类应用程序。这些程序能帮助你监控体重、跟踪每日运动情况、计算热量的消耗量，并监视其他健康问题。
- 诸如 Wells Fargo 或 Bank of America 的银行类应用程序。这些程序可以让你实时了解自己的账户余额、远程存取支票、随时进行转账交易。

微软公司开发了一种针对儿童的入门编程语言，被称为“触摸式开发”。只需通过手机，在触摸屏上连接代码块，孩子们就可以构建属于自己的移动应用程序。

小测试

配对游戏

左右连线，使工作头衔与职位描述相匹配。

1. 科学工程师	A. 我编写的代码定义了现实世界的物理规律：一个球能弹多高？汽车陷进泥土里的速度有多快？小鸟最多能飞多远？
2. 高性能工程师	B. 我主要负责研发编辑软件。用户可以利用我的软件写信、设计生日卡片，或者记录他们的账单。
3. 移动应用工程师	C. 我主要负责开发玩家们联网对战的游戏代码。同时，我还负责保障服务器的运行安全，防止玩家在游戏中作弊。
4. 前端工程师	D. 我研发类似于《愤怒的小鸟》或《糖果粉碎传奇》之类的游戏。我还编写了一些其他的应用程序，帮助人们挑选餐馆、查看当地天气，或与朋友们分享照片。
5. 桌面应用程序工程师	E. 我有 10 年的代码研发经验。我为那些想模拟细胞结构、研究气候变化或研究宇宙起源的科学家工作。
6. 游戏工程师	F. 我赋予网站优良的用户交互体验。
7. 网络工程师	G. 我负责处理大量数据。例如，为拥有大量资金的银行编写程序、帮助美国人口普查局处理大量的人口数据，或为中央情报局创建面部识别系统。
8. 人工智能工程师	H. 我编写的代码能够模拟一个虚幻的世界，在这个世界中，人类的外貌和行为都能被非常真实地模拟。
9. 物理引擎工程师	I. 我编写的软件程序可以把程序员书写的源代码转换成机器可以读取的目标代码。

续表

10. 编译器工程师	J. 我写的软件程序用于控制机器人。这些机器人能帮助医生诊断病患，或者帮助计算机与人进行交互。

参考答案 : 1: E 2: G 3: D 4: F 5: B 6: H 7: C 8: J 9: A 10: I

大型机系统与嵌入式编程

两个字节相遇了。一个字节看着另一个说：“你今天看起来有点身体不适。你感觉还好吗？”

另一个字节回答：“感觉不太好，我感觉我少了 1 比特（1 字节等于 8 比特）。”

我们生活在一个节奏飞快、瞬息万变的世界里。你的所有设备，包括台式计算机、平板电脑、智能手机、智能电视、智能冰箱、医疗设备和家用汽车都通过互联网连接在一起。它们能互联互通，也能和你进行交互。这些设备的内置计算机快速运转，相互传递着大量信息。所有这些相互联系的设备就构成了物联网（IoT），它是来自世界各地的计算机程序员技能和创造力的结晶。

在物联网中，传感器和传输信息的设备被一一连接到网上。第一台接入互联网的机器是卡内基梅隆大学内的一台可乐分析器。它于 1982 年在物联网中上线，可以将可乐的库存数量和温度信息发送到计算机。物联网中的“参与者”可以是一辆内置 GPS 的汽车，可以是一头在皮肤下嵌入传感器以追踪其运动的奶牛，还可以是佩戴有心率记录臂带的运动员。

捕捉质子碰撞

在计算机的帮助下，科学家们利用大型强子对撞机在2013年发现了希格斯玻色子（又被称为“上帝粒子”）。两个质子相撞时会产生更小的粒子，为了找到这些粒子，科学家们使用机器每秒进行100万次质子与质子的碰撞，但实际上每10万亿次碰撞中只有一次能产生这种特殊的粒子。为了存储和处理所有的碰撞数据，科学家需要一台比世界上所有计算机的运算能力相加还要强的超级计算机。为了减少运算量，这台计算机装有配套的指定程序触发器，这个触发器是硬件与软件配合进行工作的。只有发生重要的粒子碰撞，这个触发器才会被触发，并且实时保存碰撞数据。如果触发器性能不良，碰撞产生的宝贵科研数据将永远丢失。触发器包含了许多运算策略，这些策略可帮助计算机决定是否要记录本次碰撞产生的实验数据。触发器的控制代码必须非常可靠且高效，否则一旦代码出现错误，一个新的粒子就可能永远地被我们错过了。

物联网是一个不受管制的系统，在这个系统中，数据很容易被收集和使用，从而无须人工进行干预。例如，汽车保险公司可以收集有关驾驶员行车习惯的数据。这个人开车超速了吗？是否经常进行急刹车？拐弯速度是不是太快？所有这些数据都可以用来确定车主所应该缴纳的保险费率。

这么多设备是如何一次性连上互联网的呢？每个传感器都会被分到一个特定的IP地址。随着第六代互联网协议（IPv6）的逐步实施，我们已经拥有足够的IP地址。这些IP地址足够分配给地球上的每一个原子超过100次！我们完全不用担心IP地址资源会被耗尽。

随着物联网的发展，人们也开始关注物联网数据的隐私，以及如何高效地利用这些数据。尽管媒体都倾向于关注物联网冰箱等高科技概念产品，但物联网目前正被保险公司、医疗机构和其他企业所广泛使用。政府和一些私人公司也正在努力制定与之相关的法律法规，以保证每个参与者的信息安全。我们相信，身份窃取、个人隐私、数字歧视等问题将在不久的将来得到妥善解决。

> 第一家致力于生产框架计算机的公司是电子控制公司（Electronic Controls Company，ECC），后来更名为埃克特莫奇利计算机公司（Eckert–Mauchly Computer Corporation，EMCC）。它是由美国宾夕法尼亚大学的工程师埃克特和物理学家莫奇利于 1949 年共同创立的。

名称：斯宾塞·格雷泽

年龄：16 岁

工作（在课余时间）：视频游戏创作者

你是从什么时候开始对编写计算机程序代码感兴趣的？

在很小的时候，我不知道我最喜欢的电子游戏是如何运作的。一直到上初中时我才知道，我们生活中的多媒体游戏和其他电子设备都是通过执行程序代码来工作的。这使我非常兴奋，因为这超出了我从前对电子游戏的认知。从那时开始，我便致力于学习这项新奇的技能。

你是如何学习编写代码的？你都学习了哪些编程语言？

我的高中有一个编程俱乐部，在那里我学习了各种计算机编程语言，例如 C++ 和 Python，还有配套的调试工具。

能谈谈你使用Arduino开发板进行开发的一些经验吗？（Arduino开发板是用于物理环境的一种微型嵌入式开发设备）

我已经掌握了关于 Arduino 开发板的基本知识，还基于这套开发板做了一些小项目，例如设计能闪烁的台灯。但是我计划进行一些新的尝试，例如让设备模拟拍手声，或制作一台电子时钟。

能谈谈你制作视频游戏的相关经验吗？

我参加了佩珀代因大学举办的视频游戏教育研讨会。在会上，我使用了一款名叫 Twine 的在线工具制作游戏。那时我创建了一个基于文本的游戏，而在研讨会中的其他人则设计了横向或垂直滚动的游戏。在编程俱乐部的活动中，我从网上找到了其他一些游戏创建工具，同时，我校还拥有在校内计算机上使用 Kodu 工具（一种多媒体游戏制作工具）的教育许可。我的文本游戏讲述了一个在原始世界中努力寻找其他物种的孤独小生物的故事。我还帮助其他参加视频游戏创作研讨会的成员共同测试他们的作品。我还记得，其中一个作品是垂直的飞机射击类游戏。在游戏中，你必须控制我方飞机，躲避敌机的炮弹扫射。

你认为打造出色视频游戏的关键是什么？

我认为在视频游戏中，最重要的就是创意。你必须有一个很棒的创意，以此激发你的灵感与工作激情。这个创意可以让创作者不断进行拓展，并据此制定新的玩法。一切元素对于制作一款出色的游戏都很重要。但是如果没有了创意，就无法创造出任何有价值的作品。

为什么在学习编写代码时，你觉得团队之间的合作是很重要的？

同行可以为我们提供巨大的激励和挑战，并使我们对项目保持兴奋感。如果你仅仅孤身一人编写代码，那么可能会觉得非常无聊和沮丧。我和伙伴们一起努力，我们之间不仅仅会产生竞争，还可以彼此借鉴想法以激发出全新的灵感。这就是为什么我经常和我的朋友们一起编程。

你如何平衡功课和其他课余活动的时间安排呢？

我一直尽力保持努力工作的状态。我觉得保持努力是必胜的方法，努力工作可以克服任何障碍。我也知道当下努力的重心应该是什么。我会把重要且紧急的事放在首位，按照优先级依次完成，这样我就可以按时完成所有任务。

我也知道我每天最多能处理多少工作。如果你不知道自己的极限，那么你最终只会筋疲力尽，一事无成。同时我也十分注重保持每日 8 小时的正常睡眠。

你对10年后的自己有什么期待吗？

老实说，我也不太清楚自己的未来，我还没有确定大学想要学习的主要专业方向。我感觉我还需要一段时间来自我反思，但我能预见的是，10 年后我将拥有更丰富的编程知识，还能获得一份非常好的工作。

01001001001001001001001001001001001001001001010

大型机程序员

大型机被工程师们亲切地称为“大狮子”。大型机特指那些庞大、昂贵、可靠、快速的超级计算机！它们往往归国家政府、大型公司、银行证券机构以及需要收集或处理大量数据的企业所有。大型机是为提高计算效率而构建的，但必须可靠、安全、能够批量处理大量数据，还要能够连续不间断地运行数十年。大型机还有一项即将担负的重大任务，即用于支持未来的云计算。

在美国最具盈利能力的公司中，约有 80%的公司业务都依赖于大型机。这些大公司有着数十年使用 COBOL 和汇编语言编写业务代码的积淀。这意味着这些业务的代码结构非常非常复杂，并且一直都需要经验丰富的程序员对其进行维护和支持。依据康普科纬迅公司的说法：“一分钟的大型机故障停机，就可能给

一家普通的企业造成约 14000 美元的损失”。

尽管目前市场上没有使用 COBOL 来编写全新大型机项目的需求，但是相关企业对掌握这种编程语言的人员需求仍在持续增加。随着美国婴儿潮一代人的陆续退休，他们的工作不会轻易被年轻的 COBOL 程序员取代，因为这种语言并不是那么热门且易懂。因此，如果你对学习它感兴趣，则必须确保你的学校安排有相关的课程。另外，别忘了 Fortran 语言，许多研究机构和大学都使用它编写科研程序，这些程序还需要程序员来继续维护。

聚焦阅读

康拉德·楚泽（1910—1995），可编程计算机之父

康拉德·楚泽出生于德国柏林。在他两岁的时候，他们家就搬去了东普鲁士。在那之后，一家人居住在布劳恩斯贝格，他的父亲在当地从事邮政服务工作。

楚泽就读于当地的基督教会学校。在他 13 岁的时候，一家人搬到德国的霍伊斯韦达居住。在那里，他进入了实科中学学习。有幸进入这种学校就读的学生，毕业后可以选择几所技术大学中的一所继续进修，直到完成学业。

通过中学考试之后，楚泽进入了柏林工业大学，开始学习机械工程和土木建筑等课程，但他发现这两个领域都很无聊。1935 年，他获得了土木工程学位，然后前往位于柏林的亨舍尔飞机公司工作。在飞机厂，被迫做着重复数学计算工作的楚泽差点被逼疯，他梦想着未来可以用机器来完成这项烦琐的工作。

在居住于柏林期间，楚泽发明了 Z1 计算机，这是第一台使用 35 毫米电影胶片穿孔编程的电动机械式计算机，大约由 3 万个零件组成。

但不幸的是，它自始至终存在一些设计缺陷。在第二次世界大战期间，楚泽继续从事着设计计算机的工作。首先，楚泽于 1939 年完成了 Z2 计算机的研发。这台计算机与 Z1 保持着相同的内存大小，但增加了继电器电路。随后，楚泽的 Z3 计算机于 1941 年制造完成，这是世界上第一台可编程的全自动电子计算机。不幸的是，这 3 台机器在第二次世界大战期间被战火摧毁了。其中，Z3 及其设计图纸在 1943 年后期的一次盟军突袭中被摧毁。Z1、Z2 以及楚泽父母的住所在 1944 年 1 月 30 日的英国突袭战中化为灰烬。

尽管前 3 台计算机都毁于战火，但楚泽依然继续执着于研发下一代 Z4 计算机。第二次世界大战于 1945 年结束。战后，楚泽在德国的生活一度陷入困境，直到 1949 年，他的研究工作才走上正轨。他最终于 1950 年研制出了性能可靠的 Z4 计算机，并出售给瑞士的一所大学。这是历史上第一台商用计算机，并且是当时整个欧洲大陆唯一可用的数字计算机。

在 20 世纪 40 年代中期，楚泽还开发了第一种为计算机编写的高级编程语言 Plankalkül，英文名为 Plan Calculus（计划演算语言）。

云端

“云”是指一种特殊的在线网络环境。你可以把应用程序或其他信息存储在第三方公司的服务器上，而不是存储于本地计算机或公司的私有服务器上。“云计算”一词是康柏公司的工程师于 1996 年提出的，此想法从那时起就一直发展并沿用至今。如今，“将数据保存到云中”的想法已经被付诸实施，每个人都在考虑具体的实现方法。比方说：在社交媒体网站上发布照片、在谷歌云端硬盘上保存文档、在 iTunes 上购买音乐专辑等。这些都是“云”在我们日常生活中被使用的常见案例。

对于软件研发工程师而言，“云”为他们提供了一种更加轻松的协作方式。云上的几个节点允许代码相互协作，并实时发送状态反馈，即使实际上这些节点相距非常遥远。GitHub 是最受欢迎的网站之一，有时也被称为程序员的社交网站。GitHub 可以帮助程序员存储从初稿到最终版本的全部代码副本。这种“版本控制系统”使程序员在意外错误地修改代码后，可以随时回到以前的代码版本。它还允许程序员之间进行交流，探讨解决问题的方法。

GitHub 允许程序员之间相互下载各自的副本进行更改，并将更改的内容发送给代码的原始创建者。然后，原始创建者可以决定是否合并这些更改。就算程序员居住在不同的国家和地区，云技术也能帮助他们轻松展开团队协作。

云计算还降低了学习计算机编程的成本。借助平台即服务技术（PaaS 技术），学生可以在网络浏览器上直接学习编程，而无须将整个编程环境下载安装到本地计算机上。这些学习程序同时提供了调试终端和文本编辑器，程序员无须切换屏幕就可以实时查看代码的运行效果。

姓名： 保罗 · 米切尔

工作：Starkey 公司（位于美国明尼苏达州，全球最大的助听器制造商之一）高级固件工程师

你是从什么时候开始对编写计算机程序代码感兴趣，并决定将其作为你职业生涯发展的重点的?

记得在我读初中时，我与父亲一同编写发布了一些非常简单的 Fortran 程序。我通常负责汇总程序代码和运行输出结果。那时，我其实并不了解大型机批处理技术的实现细节，程序中的很多细节都是在我父亲手把手的指导下完成的。后来，我前往明尼苏达州立大学，在计算机科学专业进行更加深入的学习。在大学期间，我非常擅长编程。我觉得这才是我喜欢做的事。

你在接下来的教育/工作道路上还付出过哪些努力呢?

父亲教会我 Fortran 语言后，我又陆续自学了其他几种编程语言。我在高中时掌握了第一个计算机算法——冒泡排序。后来在大学进修期间，我了解到冒泡排序算法的效率非常低下。我绝大部分的知识积累都来自职场经验，同时，我还参加了继续教育课程，以掌握最新的计算机技术和开发工具。

你从20世纪70年代就开始尝试编程了，能描述一下你当时编程的过程吗?

在我读高中的时候，编程学习主要依赖于分时系统。我们在进行编程之前，必须先拨打一个特定的电话号码，才能通过调制解调器将计算机连接到分时系统。连接成功后，我们再通过 TTY-33 电传设备，直接对分时系统输入或输出命令。另外，该分时系统还附有外置读卡器，这种读卡器无法直接读取打孔卡，但可以读取用铅笔标记的标记卡。在使用分时系统编程的同时，我们还学习了 BASIC 语言。

在我上大学期间，编程主要基于批处理系统。批处理系统使用的是打孔卡。那时我们必须自己进行手工打卡。但是实际上，很多大公司都已经采用自动机械打孔。这些系统使用的是标准 80 列的打孔卡（当时，IBM 公司还生产了 96 列的小型打孔卡）。

我还曾在一家制造高速存储芯片测试设备的公司担任技术员，这些芯片被用于各类计算机的制造与生产。我负责编写简单的软件程序，测试产品的微处理器是否工作良好。为此，我主要使用底层机器语言，通过门电路和按钮来创建简单的小程序。通常我习惯于一次仅执行一条指令，然后通过电路板正面的发光二极管（LED）查看命令的执行结果。一旦系统成功启动并运行，我便可以使用阴极射线管（CRT）显示器（一种老式的显示器）和软盘驱动器进行下一步的编程工作。

能谈谈你从事过哪些编程工作吗？你在这些工作中都使用了哪些编程语言?

在联网计算机出现的早期，我使用过 Fortran–77 语言编写文件批量传输程序，使用过 Algol 编写网络适配器（硬件适配器）诊断程序，还使用过汇编语言编写网络适配器的硬件驱动程序。之后，我和其他团队成员一起致力于医疗设备的研发编程。我们把程序写入心脏起搏器。这样一来，医生在办公室就可以远程实时读取病患的信息。临床医师还能通过诊断数据来确定是否需要调整当前的治疗方案。在这个项目中，数据传输的安全协议和硬件中的线程锁机制都非常重要。这是一个规模很庞大的 C++ 语言项目。

接下来，我开发了一款小型医疗手持设备，病人可以使用它来修改植入式疼痛管理设备的治疗程序。我们使用 C 语言来为这款由电池供电的手持设备进行编程。

我记得我还参与过白熊科技公司旗下的家庭宠物定位产品的研发。该产品主要借助全球定位系统（GPS）模块和无线技术来确定宠物项圈相对于手持遥控器的位置。该产品的固件需要与众多硬件模块相互通信，并使用各种算法将原始测量结果显示到屏幕上。我们通过计算机图形学算法在液晶显示器上绘制宠物的行动轨迹和实时位置，并向用户展示宠物的实时位置。所有这些固件都是使用 C++ 语言来编写的。

多年来，我从事的大多数项目都是使用 C 或 C++ 语言编写的。编程语言的选择往往是由项目定位来决定的。如果项目是一款在浏览器上运行的在线应用程序，那么编程语言的选择就会有所不同。

听说你已经放弃外包项目，转而与公司签订劳动合同进行工作。你认为外包制和劳动合同制的优缺点分别是什么？

通常，承包商注重于销售他们所熟知的工具和技术。作为承包商，你需要持续学习新技术，以保持技术的先进性和可靠性。如果你喜欢学习新技能，那这将是一种不错的工作方式。新技能可以在工作中学习，也可以独立于工作之外进行学习。当然，外包的福利保障和薪资收益都较少，通常工作时间也会更长。

与公司签订劳动合同的员工应该熟知（或尽快了解）公司的产品。公司也将为你提供与产品研发有关的工具的使用方法培训。尽管你的薪资水平一开始可能会低于外包制，但这种工作方式也有很多好处，比如职位晋升的可能性、团队的技能培训机会等。

计算机软件工程师都是富有创造力的人，通常乐于接受他人的建议，并希望创办自己的公司。能谈谈你创办白熊科技公司的经历吗？

白熊科技公司主要生产我之前提到的家庭宠物定位产品，它能帮助主人追踪到大约 1.5 千米外的宠物。宠物端的项圈和用户端的手持遥控器安装有录音和 GPS 设备，两端的设备均可独立工作。通过借助手持遥控器中的指南针调整屏幕的方向，用户可以直观地了解宠物的实时位置。创办这家公司之初，我们一直都在选择有趣的研发项目进行投资。我喜欢和伙伴们协同工作、分配工作职能、齐心协力将产品推向市场，这是一个非常有趣的过程。

在初创公司工作会带给你全新的体验。大家都相互认识、相互尊重、相互信任。这种不那么正式的工作氛围，反而使团队分工合作的形式更加灵活。但众所周知，由于初创公司存在产品推广压力和人际关系冲突，所以还隐含着其他各种风险，比如资金不足或创意短缺等。

你觉得计算机程序/程序员将来的行业前景如何呢？

这个问题很难回答，因为目前行业风潮瞬息万变，我无法对此下定论，而且计算机行业前景也和经济环境一样，呈现周期性上升或下降趋势。例如，之前一段时间人工智能是一个非常热门且备受关注的领域，后来却渐渐被人们淡忘了。而现在，这个领域再度成为行业讨论的焦点，以美国谷歌公司为首的大批科技公司正在寻找具备人工智能研发经验的人才。我认为，接下来的热点领域将会是物联网。

你能为有兴趣成为程序员的年轻人提供一些成功秘诀吗?

现在，计算机程序和技术正在变得越来越复杂，该领域也将发展得越来越成熟。团队协作需要建立在共同语言和最佳技术实践之上，例如使用经典设计模式（如桥接模式）进行规范编程。我们也需要通过具体的协作方法，如代码检查、结对编程等手段来帮助团队前进。这些方法能够使我们在研发过程中配合得更好。

在磨练编程技能的同时，初入职场的年轻程序员还要注意提高自己的团队合作能力。计算机行业也和其他行业一样充满竞争，年轻一代要在职业生涯中锻炼自己，不断提升专业技能。

010010010010010010010010010010010010010010010010

嵌入式系统和固件编码器

如果程序员没有为设备编写驱动程序，那么万物联网的梦想就不可能实现。物联网中的每个“参与者”都需要有为其专门编写的驱动程序。这部分软件代码被称为“驱动固件”，它们被存储于只读存储器或闪存芯片上。固件在被开发、烧写、植入设备后，成为嵌入式系统的一部分。每当设备要执行重复任务时，都会调用嵌入式系统内的固件代码。这些任务可以是很简单的单一步骤任务，也可以是很复杂的组合任务。有些任务，例如助听器固件对音频信号进行增益处理，就不单单是机械性重复，而是循环执行的选择性任务。

嵌入式系统被安装在洗碗机、微波炉、照相机和打印机中，它们无处不在。此类设备中的代码无法被覆盖，也就是说，固件代码不能被远程升级。在其他系统中（例如装配厂中的生产线机器人、移动电话、车载安全计算机等），设备代码是可以被覆盖升级的。如果这些设备工作时出现问题，程序员可以修复错误代码并上传，从而解决问题。这称为固件升级。你最熟悉的固件升级就是更新智能手机的操作系统。以下是一些你可能闻所未闻的超酷的固件升级案例。

- 2010 年，NASA 升级了旅行者 2 号探测器上的固件，该探测器距离地球超过 144.85 亿千米。
- 2012 年，NASA 升级了火星科学实验室好奇号火星车上的固件。他们在好奇号以约 12874 千米 / 小时的速度穿越太空时进行了固件升级。
- 2014 年，欧洲航天局升级了菲莱着陆器上的固件。该着陆器距离地球约 6.5 亿千米，位于 67P / 丘留莫夫－格拉西缅科（Churyumov-Gerasimenko）彗星附近，速度约为 17700 千米 / 小时。这次固件升级是罗塞塔任务的一部分。这是人类历史上首次追踪彗星运动、跟随太阳公转、登陆彗星表面的太空任务。

编程巨人的大脑

1946 年，6 名女性秘密为位于费城的美国陆军的一个第二次世界大战的项目工作。她们的任务是对电子数字积分器和埃尼阿克（ENIAC）计算机进行编程。埃尼阿克之所以被称为巨人的大脑，是因为这台计算机约有 2.5 米高、25 米长。这些才华横溢的女性是第一批专职从事计算机程序编写工作的人。她们无须使用手册或编程语言，即可对计算机进行编程。该计算机在短短几秒内就能算出复杂数学方程式的结果，这在当时是闻所未闻的。

这 6 名女性的传奇故事已经过去 50 多年了，她们一生都致力于帮助后人更加轻松地编写代码。这 6 名女性分别是凯·麦克纳尔蒂、贝蒂·詹宁斯、贝蒂·斯奈德、玛琳·韦斯科夫、弗兰·比拉斯和露丝·利希特曼。后来，她们的故事被翻拍成电视纪录片——《计算机》。

<嵌入式软件工程师/>

岗位要求：

➪ 软件工程相关专业学士或硕士学位毕业；

➪ 拥有软件行业相关工作经验；

➪ 熟练掌握 C 和 C++ 编程语言；

➪ 具有较强的数学逻辑能力；

➪ 能够独立进行编程调试并解决问题；

➪ 能够熟练使用版本控制和客户反馈追踪等工具；

➪ 拥有技术文档写作与管理能力。

<固件工程师/>

岗位要求：

➪ 物理学、数学或电子工程专业学士学位毕业；

➪ 拥有丰富的编程经验，能够熟练使用主流编程语言，如 Java、C、C++ 等；

➪ 拥有 Microsoft SQL Server 数据库开发经验；

➪ 持有业界认可的固件工程师证书；

➪ 掌握 Linux 操作系统相关知识；

➪ 具有优秀的团队协调合作能力。

小测试

猜一猜与编程有关的电影名称

1. 一名 13 岁的小孩赢得了一个智能家居设备。但为了不让自己的父亲爱上计算机程序员，他对这款设备进行了重新编程，结果整个房屋面目全非。请问这个场景出自哪一部电影？

A.《聪明屋》

B.《我的家》

C.《数据女仆》

D.《追上库珀》

2. 这部动画电影讲述了一位年轻的机器人编程奇才，他必须在他的机器人和 4 位好朋友的协助下才能拯救世界。制作团队累计花费 39000 小时编写了一款渲染引擎程序，以便让电影中的光影渲染更加真实。请问这是哪一部电影？

A.《机器人之子》

B.《机器人》

C.《大英雄 6》

D.《不可思议的机器人》

3. 这部电影在 1984 年启发了国会，从而推动了《计算机欺诈和滥用法案》的制定与推广。在电影中，一名计算机天才少年意外连接到了控制着美国核武器的导弹发射井。但他误以为这只是一个普通的计算机游戏，并按下了导弹的发射按钮。美国与俄罗斯就此展开了第三次世界大战。请问这个场景出自哪一部电影？

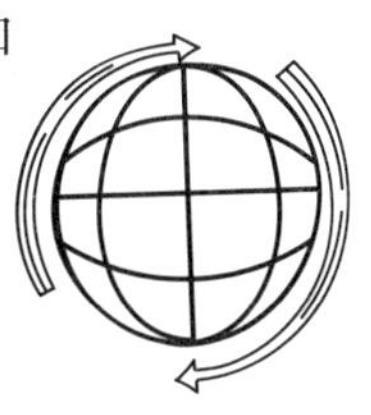

A.《战争游戏》

B.《世界大战 3.0》

C.《玩弄核武器》

D.《亲爱的，我毁了这个星球》

4. 因为曾经编写了计算机病毒，这名 11 岁的天才男孩被禁止在成年以前使用计算机。在他 18 岁生日后不久，他和他的朋友们必须使用计算机来阻止恐怖分子传播危险的计算机病毒，同时还要躲避特勤局特工的追捕。请问这个场景出自哪一部电影？

A.《停止运行》

B.《正在入侵》

C.《黑客》

D.《奇异的代码》

5. 在这部电影中，一位来自斯坦福大学的应届毕业生收到了一份工作邀请。这份邀请来自一家与微软待遇同等优厚的科技巨头公司。但是，他很快发现自己被分配到的工作任务有着致命的危险。他能在这一周的工作日里活下来吗？请问这是哪一部电影？

A.《绝不信任》

B.《反垄断》

C.《非软件》

D.《垃圾邮件》

6. 一位计算机天才帮助经验丰富的警察阻止了试图纵火的恐怖分子的行为。这些恐怖分子欲发起破坏国家基础通信设施的三重网络攻击。请问这个场景出自哪一部电影？

A.《极客与警察》

B.《纵火者》

C.《生死抉择》

D.《牛仔与计算机程序员》

7. 计算机先驱艾伦·凯担任了这部电影的编剧，该电影的看点是一个年轻人被困在虚拟的游戏世界当中。请问这个场景出自哪一部电影？

A.《电子世界争霸战》

B.《虚拟逃生》

C.《寻找 X》

D.《鲨鱼男孩和熔岩女孩》

8. 这部电影的创作者讲述了一群被勒索的计算机系统安全专家，他们被迫交出一款名叫“数学家”的加密设备。这款加密设备的实物道具由 2002 年图灵奖得主、加密专家伦纳德·阿德曼指导制作，它看起来非常逼真。请问这是哪一部电影？

A.《盒子》

B.《运动鞋》

C.《勒索》

D.《耶利米·约翰逊》

9. 这部纪录片由一名大学生拍摄制作。他从父亲那里借钱购买了制作电影所需的设备，并对两场不同的计算机黑客大会进行了全程拍摄。请问这是哪一部电影？

A.《让我们成为黑客》

B.《纪录片：黑客》

C.《黑客很有趣！》

D.《黑客也是人》

10. 本电影被 2009 年流言终结者《车与雨》的影视片段所收录，讲述了两名大学生试图发明大功率激光器的过程。请问这是哪一部电影？

A.《自作聪明》

B.《飞扬跋扈》

C.《真正的天才》

D.《激光车》

11. 电影制作人与美国征信机构艾可菲合作，共同为这部电影仿制了一个功能齐全的艾可菲征信网站。这样一来，电影情节就能更加逼真。影片讲述的是一家银行的首席安全官被迫破坏自己所设计的安全系统，以拯救被挟持的人质。请问这是哪一部电影？

A.《防火墙》

B.《安全漏洞》

C.《双重代理》

D.《采取行动》

12. 在这部电影中，一名计算机专家和两名历史爱好者要与野蛮的寻宝者展开对抗，并从他们手中夺回《独立宣言》。电影中一个有趣的现象是，正面人物使用的是谷歌搜索引擎，而反派人物则使用雅虎搜索引擎。

A.《独立宣言》

B.《国宝》

C.《代码破坏者》

D.《通往埃尔多拉多》

参考答案 : 1: A 2: C 3: A 4: C 5: B 6: C 7: A 8: B 9: D 10: C 11: A 12: B

多媒体游戏和视频动画设计

问题： 为什么程序员会被困在淋浴间里？

答案： 因为洗发水瓶子上写着："涂抹洗发露，用水冲洗干净并重复上述过程。"这是一个无限循环。

电子游戏的开发

电子游戏被分为两类。你一定玩过许多大型的电子游戏，例如那些安装在游戏机或计算机上的游戏。这些规则复杂的电子游戏往往需要一整个团队来开发创作，并需要耗时 18 到 28 个月不等的时间来进行编程。其他一些则是小型的、规则简单的游戏，例如在移动设备上安装的游戏。手机游戏可以在 3 到 6 个月的周期内研发完并上市。

虽然这些游戏的规则各不相同，所占用的硬盘空间也差距悬殊，但绝大多数游戏都有着极其相似的开发过程。

<预生产/>

预生产是指在游戏诞生之前，制作团队会从许多创意中选中一个作为游

戏主题。设计师在艺术创作人和程序员的帮助下设计游戏情节，以凸显游戏中的新元素和新创意。在预生产期间，游戏会被划分为多个任务部分。制作团队分工明确，在故事情节、软件架构、角色模型、环境场景等不同领域展

开协作。每个部分的工作成果最后都会被汇集到设计文档中，从而指导游戏原型的开发。这份文档也会随着游戏原型的开发被不断修订。游戏原型不仅仅是对外销售宣传的展示工具，同时还被作为吸引其他机构投资的招牌。原型制作完成后，制作团队便开始进入下一个工作环节——正式生产环节。

在中国，有团队已经成功使用 3D 打印机建造了一座 5 层楼的公寓。该打印机不使用常规的印刷油墨，而是使用装修材料、工业废料、建筑混凝土等作为耗材进行打印。他们还印刷了一座占地约 1100 平方米的别墅，别墅内外都有装饰性的建筑元素。在创意艺术家和程序开发者的帮助下，3D 打印机现在几乎可以被用于制造任何东西。

<正式生产/>

正式生产环节是游戏创意逐步发展成熟的阶段，也是需要团队内部紧密合作的一个阶段。设计师、艺术家和程序员组成的团队将重新审查游戏原型和设计文档，并将其作为游戏开发中的最终规划蓝本。游戏开发团队——清凉海滩的创意总监路易·卡坦扎罗说道：“只有软件工程师顺利完成他们的编程工作，我们才能准确无误地展示游戏的艺术细节。如果只靠设计师定义元素外观和交互方式，游戏软

件是无法正常工作的。”

设计师决定游戏的核心玩法和交互方式。例如，角色在每个级别对应触发的剧情，不同角色在游戏中的动作和静止状态。艺术家创作原画以定义游戏的视觉艺术风格，包括主要角色、风景、地图、车辆、武器、工具以及反派怪物。程序员负责构建游戏的软件框架，包括游戏元素如何显示、如何运动、如何与玩家交互等。

韩国：游戏圣地

在美国，电子竞技是一种受到行业发烧友追捧的正式职业。但在韩国，电子竞技已经融入了民族文化，成了国家荣誉感的一部分。韩国政府在 20 世纪 90 年代后期引入了全国化宽带互联网。从那时起，玩游戏就成为一种全国普遍的消遣方式，其中包括现场直播游戏赛事。这些大型电子竞技比赛还吸引了像三星和宏达国际电子这样的科技公司前来赞助。在这些比赛中，还诞生了许许多多可以与美国足球和篮球明星相媲美的电子竞技明星。

美韩两国的电子竞技职业玩家的薪资水平大致相同。但是在韩国，无论走到哪里，这些人都是真正备受瞩目的超级巨星。韩国民间已经建立了完善的电子竞技管理和培训机制。玩家可以在训练营中参与集训，并接受上级队伍的选拔。但反观美国，这些机构和制度才刚刚开始出现。韩国观众几乎每天都能收看到电子竞技比赛的直播，这些忠实观众也为节目带来了大量的收视率和广告收入。而在美国，电视上能收看到的电子竞技节目还十分有限。

韩国人的电子竞技技术水平也是世界领先的！韩国顶尖电竞选手蔡广津（网名为 piglet）指出了两国技术差距悬殊的原因：“如果说美国人平均每周玩 30 场次的游戏，那么韩国人的游戏时长差不多能达到每周 70 至 80 场次。以一周、一月，甚至几年的时间跨度来衡量，二者的技术差距将变得很大。”

在制作过程中，电子游戏往往需要反复修改。每次修改都是在改进设计细节，并为先前的版本补充新玩法，提升体验质量。当最后添加上音乐和音效后，制作阶段便到此结束。开发流程中的这一环节通常被称为“内容完成”。

电子游戏的类型

- ➩ 寻找探秘类
- ➩ 时间管理类
- ➩ 匹配消除类
- ➩ 麻将纸牌类
- ➩ 农场经营类
- ➩ 模拟大亨类
- ➩ 神秘解谜类
- ➩ 角色冒险类
- ➩ 装扮类

<后期调优/>

后期调优是指不断地试玩游戏，查找游戏中可能出现的错误。试玩人员会不厌其烦地测试游戏、查找错误、逐一记录并抄送给游戏设计人员进行修复。测试人员还会寻找游戏中与设计的规范文档不一致的错误，比如元素、角色、故事情节等。质量控制人员负责复现导致游戏错误的意外操作。这些错误往往是因开发团队的疏忽大意导致的。在游戏规模庞大而且玩法复杂的情况下，想要修复所有错误可能需要耗费很长的时间。

一旦团队修复了所有错误，便会进行游戏的发布工作。发布后，游戏玩家也会经常报告程序缺陷问题。这些问题需要通过发布补丁或热更新等方式来进行修复。如果该游戏很受欢迎，则可能需要安排更多的后续工作来扩展游戏内容。

姓名：海梅·埃雷拉

年龄：17 岁

工作（在课余时间）：疯狂游戏公司的创始人兼首席程序员

你是从什么时候开始对编写计算机程序代码感兴趣的？

我的家人和朋友将我带入计算机编程这一神奇的领域。一开始，我想要制作属于自己的电子游戏，因此我进行了相关的技术研究，结果发现游戏不仅仅是在屏幕上显示一些简单的元素。如果要制作一款游戏，你就必须学习计算机编程。当我学习了一些简单的代码之后，我发现自己已经能够控制计算机，并让它按照我的想法去执行命令了。我感觉这一切实在是太神奇了！

你是如何学习编写代码的，你都学习了哪些计算机编程语言呢？

我是通过参考其他程序员的代码来学习的。我主要学习了一些函数和关键字的使用，这有助于我整合自己的代码模块。同时我也会阅读许多编程方面的电子书，并把书本知识和自己想要解决的实际问题结合在一起。我能够使用 JavaScript 编写代码，当然也会使用一些简单的 C# 语句。目前，我正在学习如何使用 C++ 来编写代码。

你是如何提出你的第一款游戏——《太空竞赛：无限》的创意的呢？

我认为这个想法的诞生是必然的。我和我的创始团队成员们（史蒂夫·哈特曼、耶利米·马丁、约书亚·格里芬）都在寻找能够引人注目的方式。我们希望将自己定位成有能力创造优秀作品的原创游戏制作人。我们进行了大量的市场调研，发现无终点的横向2D滚动射击游戏是当时最受欢迎的游戏类型。在那之后，我们立即开始了研发工作，并研发了你现在看到的这款游戏。

我还制作了一款名为《夜》的游戏，你可以在我的项目网站上进行试玩体验。这是一款第一人称僵尸生存游戏。根据我在项目网站上撰写的介绍："《夜》是一款简单但令人兴奋的第一人称僵尸生存模拟游戏。你要在主角被僵尸袭击之前，争取杀死尽可能多的僵尸。"

你是如何创立疯狂游戏公司的呢?

在游戏行业工作一直是我和我朋友们的梦想。最初创建这家公司的时候，我们希望站在玩家的角度来开发视频游戏。时至今日，这依然是我们团队的核心目标。我们目前专注于开发视频游戏。作为年轻、缺乏经验的独立开发人员，我们很可能无法被大公司直接聘用。这就是我们创立疯狂游戏公司的原因。我把这家公司的长远目标定为能够与日本公司任天堂或美国贝塞斯达游戏发行商等大型企业竞争的一流游戏公司。

你能介绍一下设计、研发和上线一款电子游戏的大致过程吗?

设计游戏的过程实际上非常简单。在设计的开始阶段，我们会提出一个想法，然后在团队内就这个想法进行讨论沟通，每个人都可以畅所欲言。如果这个想法是可行的，那么我们就会进一步细化完善这个想法。这时，我们往往着力于补充游戏中的角色特征和主题愿景。

只有角色和场景都已经明确并绘制完毕，我们才会开始编写程序代码，制作相应的动画。实际上，这是整个游戏设计过程中最为重要的部分。因为我们的团队很小，所以这部分工作往往比较辛苦且枯燥。一旦游戏代码编写完成，我们便开始计划如何在各个平台发布这款游戏。在发布平台的选择上有一个很重要的考量因素，那就是运行游戏所需的计算机性能。通常而言，需要大量算力支持的复杂游戏都会发布在个人计算机（PC）平台上。因此一开始提出游戏创意时，我们就要预先确定未来发布游戏的目标平台。

你会如何平衡功课和其他课余活动的时间安排?

到目前为止，我一直都尽力平衡学业和游戏制作这两部分的时间安排。我觉得平衡两者非常容易。幸运的是，我在时间安排方面也得到了很多来自团队的照顾。团队成员聚集在一起，统一进行时间规划，尽可能分散个人承担的工作量，这样就不会有一方承受过多的负担。

01001001001001001001001001001001001001001001001001010

<游戏开发工作/>

从事游戏开发工作的人员应了解如何设计游戏、编写程序、创建艺术场景。在不同容量和类型的游戏研发过程中，开发人员可能会承担一项或多项工作职责。对于专业公司的大型游戏项目来说，开发工作可能是由许多工程师组成的团队来进行推进的。开发人员的工作目标是尽力制作出最好的游戏。设计师则负责构想游戏场景、动画效果和艺术风格。无论是个人还是团队，大家都会提出有关故事情节、游戏角色、核心玩法的创意点子。在广泛收集大家的想法后，团队内部会选择最优想法来进行实现。在制作过程中，设计师、程序员和美术人员密切配合，以确保设计元素在整个游戏中被充分体现。设计师通过查看游戏原型，与程序员配合工作。当有功能需要修改时，由设计师来引导团队，帮助完成相应的修改。以下是一些与游戏设计师相关的职位介绍。

- **首席设计师**：负责搜集想法，并整理出一份设计文档。他们负责安排每个团队成员的工作量和时间表。在工作中，他们还负责记录开发进度、解决各类问题，并保证团队按时交付成品。
- **内容设计师**：主要致力于剧情设计工作，并创建有趣的游戏角色。他们也负责维护游戏世界的整体一致性。例如，如果游戏场景设置在丛林中，他们将确保所有的生物群系与热带环境一致——没有冬装人物、没有狮子或长颈鹿等与环境不符

的生物，也没有暴风雪等不合理的天气设定。

➪ **游戏机制设计师**：专注于设计游戏的规则细节。他们决定角色之间的互动方式，以及角色周边的环境，例如玩家如何使用武器、学习技能，或晋升到更高的级别。

十大最受欢迎的儿童游戏

1.《超级英雄》

2.《迪士尼魔法世界》

3.《乐高蝙蝠侠 3：飞跃哥谭市》

4.《小小大星球 3》

5.《马里奥赛车 8》

6.《口袋妖怪——艺术学院》

7.《口袋妖怪——欧米伽红宝石 / 阿尔法蓝宝石》

8.《植物大战僵尸：花园战争》

9.《小龙斯派罗：诱捕小队》

10.《超级粉碎兄弟》

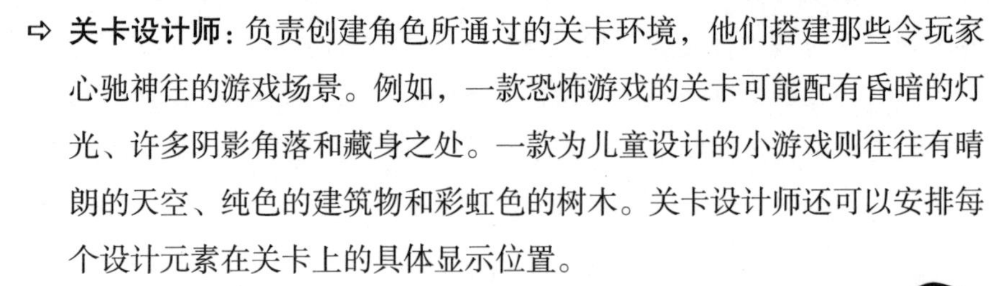

➪ **关卡设计师**：负责创建角色所通过的关卡环境，他们搭建那些令玩家心驰神往的游戏场景。例如，一款恐怖游戏的关卡可能配有昏暗的灯光、许多阴影角落和藏身之处。一款为儿童设计的小游戏则往往有晴朗的天空、纯色的建筑物和彩虹色的树木。关卡设计师还可以安排每个设计元素在关卡上的具体显示位置。

➪ **作家**：为每个游戏角色撰写剧情对话。角色扮演类游戏在很大程度上需要这些对话来推进剧情的发展，让玩家在体验游戏时产生更强的代入感。但如果游戏是益智或解密类型，则很可能不需要作家。

聚焦阅读

圣伊西多尔（560—636），塞维利亚主教，计算机、程序员和互联网的守护神

小时候，伊西多尔就读于塞维利亚大教堂学校，在那里他接受了非常良好的启蒙教育。每一位教导他的老师都有着渊博的学识，其中就包括他的哥哥，也就是当时塞维利亚的在任大主教利安得。在那里，伊西多尔通过对五觉（视觉、听觉、味觉、触觉和嗅觉）的深入研究，领悟了批判性思维技巧。与此同时，他还研究了算术、几何、音乐、天文学、拉丁语、希腊语和希伯来语。

在他的大主教哥哥去世后，伊西多尔继任成为塞维利亚的下一任大主教。作为在任大主教，他一心认为自己应该做人民的守护者。为保国泰民安，他致力于建立统一的宗教信仰与法度纪律，同化管辖范围内的其他异教文化，从而建立宗教统一的政体。

他是一名倡导全民教育的主教，推动了塞维利亚的教育运动，并且成为第一位向大家介绍古希腊哲学家——亚里士多德的主教。

伊西多尔于 636 年 4 月 4 日在塞维利亚与世长辞，享年 76 岁，他的遗骨被葬在穆尔西亚大教堂。1598 年，他被罗马天主教教皇克莱门特八世封为圣徒，1722 年他又被教皇英诺森十三世加封为教会博士。

如今，他组织撰写的 20 卷百科全书、一部字典和世界历史卷宗依然闻名于世。为了纪念他在汇总人类知识方面做出的巨大贡献，天主教教会将他命名为计算机、程序员和互联网的守护神。

<游戏编程工程师/>

游戏编程工程师是富有远见的代码设计者。他们将视频游戏转化为台式计算机或移动设备能够处理的具体代码。他们还需要与设计团队合作，从头开始逐行编写整个游戏的程序。他们可能还会交替使用几种不同的编程语言，这取决于游戏的具体玩法，以及玩家使用的游戏设备。在这个行业中，Python、Flash、Assembly、C++ 和 Java 是最常用的计算机编程语言。以下是一些与游戏编程工程师相关的职位介绍。

- **首席研发工程师：**负责分配工作任务并制订维护计划。这些首席工程师都是熟练的程序员，同时他们还花费大量时间来监督其他程序员的工作。
- **游戏引擎工程师：**负责编写游戏的基础代码，可能还包括渲染游戏内物体所需的物理引擎。这些程序员经常使用面向机器的低级语言，这样他们写的程序才能运行得更快、更高效。这类工程师往往都具备深厚的研发经验。
- **人工智能工程师：**负责设定游戏主角的盟友和反派对玩家动作所做出的反应。他们力求确保每个角色的反应都能和现实中的一样逼真。
- **图形工程师：**负责制作游戏中所用到的模型贴图，帮助美术原画师还原他们所创作的角色皮肤、物品细节、环境轮廓等。他们通常运用高等数学知识来编写 2D 或 3D 图像算法。这些程序员往往需要与艺术设计师紧密合作。
- **网络工程师：**负责编写供玩家在线聊天、对战的连线模块代码。同时，他们还需要考虑互联网上的信息安全等问题，防止玩家在网络对抗中作弊。
- **物理工程师：**编写元素在游戏中的对应行为代码。这些虚拟世界的元素不受地球物理自然定律的束缚，但会受到物理工程师规则的约束。例如，游戏角色在游戏世界中最高能跳多高？汽车在结冰的道路上刹车会滑行多远？当两个物体碰撞时会发生什么？
- **工具工程师：**编写用于执行自动化任务的代码，例如负责创建新关卡或导入元素贴图的任务。他们还负责设定游戏的难度，这不仅涉及角色获胜或失败的规则，还包括他们能否以不同寻常的方式勉强获胜等。

- **用户界面工程师：**编写定义游戏菜单的代码，并创建不同的弹出窗口。这些窗口负责显示玩家在游戏过程中所需的重要信息（例如对话、血量、小地图等）。

作为游戏编程工程师，你必须拥有计算机科学或软件工程专业的学士学位。你可能发现有些大学会提供视频游戏编程专业的深造机会，这是一个应聘加分项，但不是必备条件。如果你立志要在该领域中工作，请熟练掌握编程语言，尤其是 C 或 C++，还要了解操作系统，并掌握高等数学的有关知识。

如何成为卓越的游戏编程工程师

- 多体验不同种类的视频游戏，紧跟当下的流行趋势与前沿开发技术。
- 自主思考改善游戏体验的方法。
- 加入学校或社区中的游戏开发俱乐部。如果没有，你就自己创建一个！
- 在校期间，确保尽可能多地参与相关岗位的实习工作。
- 当你准备上大学时，留意大学与当地科技公司进行校企合作教育的机会，这些机会往往是全职的。学生一个学期用来工作，下一学期则回学校上学，最终需要 5 到 6 年时间才能毕业获得学位。
- 愿意为较小的初创型公司工作，担任游戏程序员职位。这类工作经验未来会带给你更广阔的晋升空间。
- 开发属于你自己的游戏项目。你创建的每个游戏都是在为你积累项目经验，并帮助你从众多求职者中脱颖而出。
- 注重培养自己的团队精神，了解如何成为团队内的合作者。

<艺术设计师/>

艺术设计师负责设计游戏的外观。他们为环境、角色以及游戏中的所有

其他元素设计外观和动画。他们还负责设计游戏本体的外包装和说明手册。艺术设计师一般使用 3D 雕塑软件、手工铅笔素描，或其他方式来进行艺术设计。同时，他们在工作中可能还会借助 3D 建模软件和实时运动捕捉技术。这些手段有助于采集并还原特定对象的肢体运动特征。

<音频工作者/>

音频工作者负责开发、记录、处理游戏中的所有声音，其中包括音乐、对话人声和其他音效，例如流水声、兵器碰撞声、鸟鸣声或高塔的崩塌声等。音频工作者包括音频设计师、工程师、程序员、作曲家和音乐家。

姓名： 罗克珊·邓恩

工作： 独立氛围工作室（A–VIBE）首席前端开发工程师

你是从什么时候开始对编写计算机程序代码感兴趣，并决定将其作为你职业生涯发展的重点的？

在即将进入大学的那个暑假，我就对编写代码产生了浓厚的兴趣。我报名参加了一个名为斯坦福大学夏季工程学院（SSEA）的暑假培训计划。在这个计划中，我有幸获得了为期一个月的物理、计算机科学以及其他相关学科的预科课程学习机会。我对计算机科学课程的内容十分感兴趣。以前我从未听说过计算机科学这门学科。我发现，通过编写代码，我可以做许许多多意想不到的事。我那时还不了解如何继续深入学习更多的新内容。但是那时我已经确定，这就是我梦寐以求的研究领域。

你是通过怎样的教育/工作渠道，应聘获得这份职位的呢？

我一直很喜欢数学，所以我本打算在大学里主修数学专业课程。但是在 SSEA 计划结束后，我转而爱上了计算机科学，想在继续学习数学的同时钻研这门学科。碰巧，我那时遇到了一位顾问，他向我介绍了斯坦福大学中结合数学与计算机科学的跨领域专业。

我在假期一直从事与计算机科学有关的临时工作。其中一个暑假，我在劳伦斯伯克利国家实验室工作并学习物理学。我编写了一个计算机程序，用于预测粒子在实验室加速器中的反应。次年夏天，我在斯坦福线性加速器中心工作，编写了一个程序来实时监控实验室中计算机的温度，以便在计算机温度过高时及时通知工作人员。去年夏天，我在攻读研究生学位的同时，还在斯坦福大学法学院担任网络开发人员。我负责开发法学院网站、更新站点内容，并创建网站需要的新组件。正是在这份工作中，我对建立网站产生了兴趣。毕业后，我搬到了波特兰居住，并找到了目前的这份工作，我十分热爱这份工作！

能谈谈你开发网站的具体过程吗？

建立网站的第一步就是收集需求。这意味着我们会与使用网站的核心用户群体会面（会面约谈的人数不固定），了解他们使用这个网站的基本场景和目的。然后，我们创建网站的轮廓草图，再进行细化设计，逐一确定网站的外观以及每个页面的功能。接下来，我们会将整个大型的网站项目分解为较小的任务模块，并将任务模块分配给研发团队内的不同成员。大家将分工合作，逐步推进研发工作。最后，我们会测试网站的各个部分，将网站下发给用户进行实际使用评估。他们会对网站进行审核并提供反馈意见。当一切都准备就绪，我们才会上线该网站！

贵公司的程序员具体都负责哪些岗位？他们的工作职责分别是什么呢？

我们目前拥有 Web 前端开发人员、首席 Web 开发人员、信息技术专员以及数据库专家。Web 前端开发人员负责构建分配给他们的网站模块，包括所有页面动画以及前端代码的更新。在我们的产品上线运行时，互联网技术（IT）和数据库专家负责全天候监视服务器和后端的运行情况。

一般而言，工作日你都会有哪些工作安排呢？你一般怎么分配工作时间？

正常情况下，我会在计算机前一边工作，一边听我最喜欢的音乐。我的主要工作是建立经理分配给我的部分网站开发模块。我每天都会与来自各个部门的同事核对进度，并在需要时相互帮助。

你对于设计和建立网站这项工作，最满意和最不满意的地方分别是什么呢？

对于构建网站这项工作，我感到最兴奋的事情，就是你可以用代码创建任何东西！我们建立了日历、客户注册、在线购物、在线摩托车和踏板车课程，甚至是纸牌游戏等诸多主题的站点。每一个全新的项目总是令人兴奋的，程序员也在工作中不断学习新技术。工作中让我最不满意的事，莫过于公司互联网服务的中断。我们必须等待互联网供应商修复，才能继续进行手头上的工作！

一般而言，你觉得一个很棒的网站应该符合哪些基本条件？

我认为，一个出色的网站应该能清晰地向用户提供信息。同时，用户无论使用台式计算机还是移动设备，都应能够轻松快速地执行他们想要的操作。

对于有兴趣编写网站代码的孩子们，你有什么技巧或建议送给他们吗？

如果你想成为一名程序员，我强烈建议你加入计算机科学俱乐部，并参加相关暑期课程。你还可以通过在线教程或书籍自行学习，编写有趣的代码！作为程序员，你的未来存在无限的可能性。

0100100100100100100100100100100100100100100010010

动画工程师

熟练的程序员才能创建出虚拟的游戏世界。这些程序员利用先进的计算机技术来模拟怪物移动、行星变形、玩家角色之间的相互战斗。他们致力于赋予游戏世界逼真的外观，并给予玩家极强的带入感，同时还负责额外编写配合动画工程师工作的成套软件的程序。

要成为动画工程师，你需要具有计算机科学或其他相关专业的学士学位。同时，你还要学习 3D 数学知识与大量编程技能，因为工作中可能需要使用 C++、C 或 C#。在游戏开发中，你不仅仅需要掌握媒体交互与 3D 制作等核心技能，还需要对游戏的流行趋势和行业基本面都有所涉猎。

使用高科技模拟软件制作电影或游戏可以看作一项个人任务，但创建这类模拟软件的程序员则需要进行更多的团队合作。如果你想要获得此类经验，可以根据自身条件选择性地加入一些暑期实习计划，例如梦工厂、皮克斯动画工作室等公司提供的暑期夏令营，或者校企合作开设的其他专业实训项目。

2D 和 3D 动画

要制作 2D 动画，动画图像必须具有高度和宽度，但没有深度。2D 动画通常用于电视、商业和互联网广告中的卡通图像。

要制作 3D 动画，图像需要同时具有高度、宽度和深度。3D 动画用于诸如《冰雪奇缘》和《海底总动员》之类的电影以及视频游戏。动画工程师要在计算机上创建一个 3D 空间，然后使用虚拟的“视角相机”来决定对该空间的哪些部分进行“追踪”与“拍摄”。

动画程序员的工作范畴与游戏开发程序员的基本相同。虽然两者都需要掌握 3D 数学知识，但动画程序员可能还需要掌握线性代数知识，线性代数用于定义事物在空间中的位置。

➪ 向量定义了 3D 空间中一个特定的点。

➪ 矩阵定义了元素如何变小或变大。

➪ 四元数定义元素的旋转方式。

➪ 射线定义了元素如何在空间中运动，并与其他元素相互碰撞。

➪ 平面定义了光线碰撞的位置和方向。

十大计算机制作的动画电影

1.《汽车总动员》

2.《海底总动员》

3.《驯龙高手》

4.《怪兽电力公司》

5.《怪物史莱克》

6.《超人特工队》

7.《乐高大电影》

8.《玩具总动员》

9.《飞屋环游记》

10.《机器人瓦力》

<动画电影的历史/>

1908 年：埃米尔·科尔在巴黎首次放映了全动画电影《幻想曲》。这部电影由 700 张缝合在一起的图纸组成，时长仅一分钟。现在你还可以在网络上找到这部最早的动画电影！

1914 年：厄尔·赫德发明了赛璐珞动画。这种动画的制作过程如下。艺术家使用被称为“赛璐珞”的透明塑料薄片，将其一片片叠合起来，代表电影中的时间线。他们一次使用一片，在薄片上绘制角色的慢动作，最后再把全部薄片放在统一的背景板上，由电影摄影机逐帧拍摄。当这些薄片在电影放映机前快速播放时，会引发人眼的“视觉暂留效应”，静止的画面就仿佛自己动起来了。但这个制作过程需要手工绘制每一幅画面，十分耗费时间和精力。

1937 年：来自迪士尼的电影《白雪公主与七个小矮人》首映成功。这是第一部长篇动画电影。这部影片的制作耗时近 5 年，有大约 600 名工作人员参与制作。

1973 年：电影《西部世界》以短镜头的形式首次上映。这是首次在电影中使用计算机辅助设计的图像。

1982 年：在电影《电子世界争霸战》中首次广泛使用了计算机设计生成的图像。

1989 年：《小美人鱼》成为迪士尼最后一部使用赛璐珞动画工艺制作的完整电影。

1993 年：《侏罗纪公园》成为第一部以计算机动画模拟角色活动特征的真人电影。

1995 年：《玩具总动员》成为第一部在影院上映的完全由计算机制作的动画电影。

1999 年：《星球大战 1：幻影威胁》是第一部广泛使用计算机辅助设计的电影。计算机帮助构建了电影场景、特效镜头和角色细节。

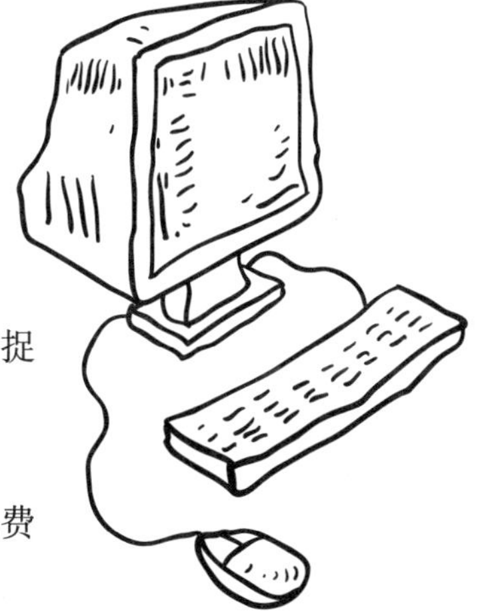

2004 年：《极地特快》成为第一部使用运动捕捉技术渲染其所有角色的完整动画电影。

现代动画：电影《冰雪奇缘》中的一帧需要花费

30 小时来进行渲染，每秒有 24 帧。完整影片长达 75 分钟，总渲染耗时约为 324 万小时。

电影《冰雪奇缘》创作者面临的一大挑战是，从来没有人能够使用计算机动画技术模拟渲染逼真的下雪效果。在前往世界各地的雪原山地和极地气候区进行实地考察之后，迪士尼动画工程师与加利福尼亚大学洛杉矶分校物理学家合作开发了马特洪峰算法，这是一种用于模拟雪花下落运动的算法，以使得下雪效果看起来更加逼真。与此同时，程序员还为这部电影研发了许多其他工具，其中包括用于雕刻角色头发、渲染不同面料质感的服饰的工具等。由工作人员制作的艾莎公主建造冰堡的电影镜头共需要 4000 台计算机，累计 30 小时来进行渲染合成。

小测试

设计属于你自己的游戏

在正式研发视频游戏之前，你必须有一个非常好的游戏创意。在本活动中，你将学会如何集思广益，构思属于你自己的游戏。这里提供了两种不同的游戏创意思路，你可以将其作为示例，激发自己的创作灵感。

你需要：

大量的记录卡

钢笔或铅笔

每个游戏都必须具备 5 个元素：空间、目标、组成、机制和规则。你需要把每个元素单独写在记录卡上，从而组合成最后的游戏。请记住，你不可能也不需要把提出的所有想法全部涵盖进去，一开始我们仅仅是将其列出而已，因为你不知道你的这些想法会不会相互矛盾。如果你需要帮忙，可以和小伙伴们一起进行头脑风暴，这比独立思考更加有趣，还可以带来更多更好的想法。所以我们建议你邀上朋友，然后一起开始创造！

空间：在游戏中运行的虚拟世界被称为游戏空间。你的游戏空间可能与现实世界非常相似，也可能完全不同。空间不仅仅包括游戏中的风景，还包括边界和障碍、颜色、声音以及光效照明。

示例：游戏《热带岛屿》。我们假设有这样一个游戏空间，当游戏开始时，3 个同伴被困在一个海岛上。首先，我们需要构思这座岛屿。该岛位于热带地区，岛屿丛林被海滩和大洋所环绕。这座岛相当大，上面有一座山，山上有许多天然洞穴，而唯一的淡水池塘位于丛林的中心地带。海洋是空间边缘的屏障。关于主体颜色，游戏中的绿色、蓝色和棕色占据大多数。在海滩上玩家会听到海浪的声音；在丛林中，则有野生动物和风吹过树林的声音。这个游戏的时间会贯穿白天和夜晚，所以环境光线也会随着时间对应地改变。

在记录卡上，我们记录以下想法。

1. 热带岛屿：围绕丛林的沙滩，岛屿的中间是一座山。
2. 在丛林的中心有一个淡水池塘。
3. 山中有洞穴。
4. 障碍：岛屿周围的海洋、山上的悬崖。
5. 声音：鸟鸣声、青蛙叫声、树叶沙沙作响声、海浪冲刷海滩声。
6. 颜色和灯光：环境主体为蓝色，搭配有绿色和棕色。游戏贯穿昼夜，环境光线也会随着时间对应地改变。

你也试试！你可以把你想要设计的视频游戏空间构想出来。我们建议你从简单的部分开始，然后渐渐使游戏复杂化。例如在上述的《热带岛屿》游戏中，你将创建哪些障碍，它们的外观如何？你觉得这款游戏适合什么颜色和风格？你需要什么样的声音和环境照明？思考完之后，将每个空间元素写在单独的记录卡上，然后将它们整理归纳到一起。

目标：玩家将如何赢得你的比赛？这需要你制定具体的游戏规则。你允许游戏中不止一人获胜吗？游戏中玩家们通过积分一决高下，还是必须一起击败大反派才算取得胜利？玩家们如何获得积分？玩家们获胜的途径是唯一的吗？

示例：《热带岛屿》的玩家在获得胜利之前，必须完成一系列挑战。玩家必须操纵游戏主角寻找淡水，建造庇护所并燃起篝火。寻找淡水将是最简单的游戏任务，玩家需要探索岛屿找到水源。但是，如果要建造庇护所，玩家必须找到一个空洞穴，或使用他们搜集的材料建造小屋。生火任务则要求玩家在岛上找到火种和燃料。在整个游戏过程中，其他角色会指导玩家需要哪些材料，如何进行操作，但玩家必须亲自完成这个过程。

在记录卡上，我们记录以下想法。

1. 通过跟踪丛林中的动物脚印寻找淡水。
2. 将淡水装到水壶中。
3. 用树叶和绳子制作遮挡物。
4. 找到一个没有动物居住的空洞穴，避免被其他大型猎食动物吃掉！
5. 寻找可用材料，并向外发射救援信号。
6. 让同伴保持活力。如果你没有在规定的时间内给他们喝水，同伴就会死去，你也会因此输掉比赛。

你也试试！玩家将如何赢得你的游戏？结合你所设计的游戏空间进行考虑，在该空间中你想要构建什么样的任务？游戏的最终目标是什么？角色需要击败特定怪物，还是完成某项任务才能获得胜利？玩家们如果想要获得胜利需要做什么？他们需要学习新技能吗？他们将如何学习该技能，谁来教他们？

在记录卡上记录你的全部想法。请记住，你最后不会也没有必要采纳全部想法，但是最好全部记录下来，以便于日后获得其他灵感。

组成部分：角色、工具、车辆、食物、友军、反派——这些都是游戏的组成部分。组成部分几乎涵盖了游戏内全部的可交互对象。你要确保每个组件都是有特定目的的，你肯定不会花时间编写对游戏来说毫无价值的内容！

示例：我们为《热带岛屿》游戏设计了一个主角——克里斯，该角色由玩家控制。另外两个配角是卡尔和杰西卡，他们在克里斯搁浅之前就已经被困在岛上了。这些配角将为玩家提供建议，因此玩家不会在岛上迷失方向。

本游戏还有其他元素：可以用来盛水的水瓶、用来构筑庇护所的绳索和树叶、可以帮助克里斯恢复活力的水果、一旦遭遇就必须与之战斗的野生动物，以及可以帮助他们生火的特殊岩石。你现在一定能体会到，往游戏中添加面面俱到的组成要素有多么复杂。我们需要定义动物、岩石以及玩家在旅途中可能会碰到的一切。

在记录卡上，我们记录以下想法。

1. 角色：克里斯、卡尔、杰西卡。本游戏以克里斯为主角，卡尔和杰西卡在必要时提供帮助。
2. 材料：用于构筑庇护所的绳索和树叶、装有水的水壶、打火石、火种、帮助玩家角色恢复活力的水果。
3. 敌人：各式各样的野生动物。

你试试！你的游戏中有哪些组成部分？你可以从主角开始，然后想想他将面临什么障碍。你需要创建一个反派吗？还是需要创建会帮助玩家的其他游戏配角？你需要设计引导主角的指示路标吗？角色会受到伤害吗？如果会，需要用什么方式来恢复他的活力？角色是否需要沿途收集食物、武器或其他物品？你的角色能控制坐骑（骑马、开车、驾驶宇宙飞船）吗？上面提到的这些全部属于游戏组件。

物理机制：这里的物理机制不是指主角需要在游戏中修理汽车！物理机制是角色和组件的运作机制。它们涉及角色的攻击动作和弱点特征、车辆可以进出的位置、开门进入其他物理空间等。你在前文列出的每个组件都将至少需要具备一种机制。

示例：热带岛屿能够为庇护所提供建材，这是地图的一个机制。克里斯可以摘哪些植物的果实？有没有植物会伤害到克里斯？如果克里斯会游泳，那也是一种机制。但是，由于我们设计的空间完全在陆地上，因此让克里斯具备游泳技能是没有意义的。如果我们想让克里斯的游泳技能有施展的空间，就必须重新思考我们设计的空间场景，这项技能才能有用。

在记录卡上，我们记录以下想法。

1. 克里斯在岛屿上移动，并完成我们设定的任务。他可以折断树枝来攻击野生动物，还可以弯腰捡起物品或跪下喝水。在杰西卡教给我们生火方法后，他便可以学会生火。
2. 卡尔和杰西卡住在他们搁浅地点的附近。卡尔建议克里斯跟随动物的足迹去寻找淡水。杰西卡建议克里斯建造一个庇护所，然后生起篝火。他们需要淡水才能生存，因此克里斯必须为他们找水，一旦他们缺水超过一定的时间，游戏就会结束。
3. 绳索和树叶可以用于制作遮蔽物，从而阻挡野生动物的攻击和暴风雨的侵袭。
4. 某些水果能让克里斯恢复活力，但其他水果可能会让克里斯中毒。

你试试！回头检查你的组件列表，并列出每一个组件的对应机制。你的角色需要连续做任务（送淡水）吗？你的角色有特定的攻击或防守方式吗？角色有飞行、驾驶或挖掘技能吗？请设计适合角色的物理机制。如果你设计了可驾驶的车辆，请考虑车辆行驶的速度以及可驾驶的位置。你设计的空间中有没有太过陡峭而无法驾驶的山脉？如果直接撞上岩石，车辆会爆炸吗，还是岩石会被车辆压得粉碎？

规则：每款游戏都要有指导玩家的规则，它规定了如何才能取得游戏的胜利，同时还规定了允许或禁止的行为。

示例：针对《热带岛屿》游戏，我们需要在卡片上记录以下想法。

1. 克里斯必须在一定时间间隔内将水带给他的同伴，然后再去执行其他任务。
2. 克里斯在找到水后，必须建造一个自己的庇护所。
3. 克里斯必须在海滩上生火，向救援人员发出求救信号。
4. 如果克里斯未能在规定的时间内为同伴提供足够的水和食物，同伴就会死亡，本游戏也就到此结束。

你试试！你想要为游戏制定什么样的规则？玩家的每次挑战有固定的时间限制吗？如果玩家超过了时间限制，游戏能重新开始吗？玩家要从哪一进度继续游戏？游戏中途会设置保存提醒吗？玩家要如何保存游戏？

正如上述例子，构思一款视频游戏需要花费很长的时间。但是一开始就进行细致构思并考量细节，有助于之后研发工作的顺利进行，而且对于玩家而言，游戏也将变得更加有趣。让我们一起创造令人快乐的游戏吧！

Web 网站编程

> 这个世界上只有 10 种人：懂二进制的人（2 种人）和不懂二进制的人（8 种人）。

每当你使用酷容或 IE 之类的浏览器，在互联网上查找所需信息时，浏览器都会把你带到各类网站上。这些网站可能是包含各种信息的单个页面，也可能由多个页面相互跳转串联而成。由于全世界的网站每天都会上线新页面或下线维护，因此想要对全球网站进行准确的数量统计就像数苍蝇一样困难。根据近期的研究机构统计数据，全世界约有 14.3 万亿个实时网页，并且该数字正在以惊人的速度增长。

如此海量的网页，直接导致了一个问题：谁来创建并维护这些网站以及网站中的每一个页面？答案是：网站由持有该站域名的人负责维护。这些人通常在网站开发人员的帮助下维护站点的功能和内容。

为了让你能够更直观地感受这部分工作量到底有多庞大，请参考下列惊人的行业统计数据（2016 年作者写这本书时的数据），而且当你阅读本书时，这些数字也在飞速增长。

http://

- 以 com、org、net、gov 为域名后缀注册的域名已经超过了 11.93 亿个。
- 全球在线网站总数已超过 7.59 亿个，其中有 5.1 亿个都保持着实时维护与升级。

来自美国微软公司的工程师们开发了一种全新的全息透镜耳机，这是一款可以戴在用户脸上的计算机眼镜。用户无须借助键盘、鼠标或触摸屏，只需伸出双手，触摸投影在他们面前的 3D 图像就可以进行操作。虽然这款设备已经发布了开发样机，但最后上市的量产设备实际效果怎样，我们还不得而知。目前，铁杆游戏玩家还可以选择使用由美国互联网公司脸书推出的虚拟现实耳机 Oculus Rift。这款耳机需要玩家购买拥有强大计算能力的个人计算机以及功能强大的图形显卡才能工作。但是我们相信，在不久的将来，虚拟现实工程师们所创建的游戏将震惊世界。

- 所有这些站点共计拥有超过 672 艾字节（EB）的数据。简单来说，就是其数据量总和超过 672 000 000 000 GB。
- 同时，网站存储的数据超过 1 尤字节（YB）。一尤字节约等于 1 000 000 000 000 000 000 000 000 字节！谁需要访问或用到全部的信息呢？
- 全球 68 亿人中，有 30 亿人都拥有家庭互联网。
- 全球活跃的互联网用户超过 43 亿。
- 在这些用户中，有大约 40%的用户使用个人计算机，有 20%的用户使用平板电脑或笔记本电脑，剩余的 40%则使用手机或其他移动设备。
- 社交网站推特拥有约 2.71 亿的活跃用户，每天生成 5 亿条社交动态。
- 全球每天共发送超过 2930 亿封电子邮件，平均每分钟大约发送 2.04 亿封电子邮件。

WiFi

游戏开发极限挑战

当游戏开发人员齐聚一堂，一起进行头脑风暴、制作一款新游戏时，一场游戏开发极限挑战就开始了。游戏开发极限挑战可以在本地举行，也可以是一场跨国的全球盛会。这种创意聚会通常持续1到3天的时间。游戏爱好者们往往安排一个周末来举行聚会，并创建一款遵循指定主题的全新游戏。这些参与者来自游戏产业的各个领域，包括设计师、艺术家、音乐家和程序员等。

目前规模最大的盛会是全球游戏开发极限挑战赛——GGJ（Global Game Jam）。它于2008年首次举办。在这场盛会上，主办方会发布一个游戏主题，参赛者团队将有48小时来完成自己的参赛作品。2015年，这场盛会在78个国家/地区共举办了518场次的比赛，吸引了超过28000名注册参赛者。截止到今天，这场盛会累计在全世界举办了5438场次的比赛。

互联网到底有多大？由于现在的网络已经达到了无可估量的规模，而且每天都在发布大量信息，因此专家们一致认为网络是无限的。即使要估计全世界的网络总大小，并将计算误差缩小到一亿页之内，也是完全不可能完成的任务。

姓名：克里斯·基特

工作：第九编程传媒公司的总裁兼创始人

你是从什么时候开始对编写计算机程序代码感兴趣，并决定将其作为你职业生涯的发展重点的？

大学毕业时，我获得了昆西大学的市场营销专业的学士学位，并计划从事市场开拓和销售工作。那时我有很大的机会成为支持分析师，并与美国电话电报公司的信息技术部门展开合作。后来，我很幸运地获得了这份工作。作为支持分析师，我要帮助用户解决在销售和订购软件方面遇到的问题。

一开始接手这份工作的时候，我几乎没有任何技能和研发经验。我解决软件错误问题的能力仅限于在开发人员和采购方之间转发电子邮件。实际上我并没有能力真正解决任何实际问题。那些能够解决问题的开发人员真的令我惊讶！我看到他们调出一个充满了神秘字符的窗口，然后修改了其中的几个字符就解决了客户提出的问题。那时我已经找到了自己未来的努力方向和职业目标。

你都有哪些难忘的教育/工作经历，帮助你走到了今天这一步？

直到今天为止，我在这个领域里获益良多。当我意识到自己想成为这个领域中的一员时，我就感到自己充满了动力。在上大学时，我明确了自己的奋斗目标，从而知道了自己应该学习什么、追求什么、未来将从事什么。但我也不确定这个目标意味着什么、未来的薪资水平会怎样、我将在岗位上如何发展。最后，我选择攻读与商业有关的学位。市场营销专业最吸引我的方面在于，它侧重于研究如何销售产品，并推动企业的业务增长。我当时还没有意识到，大学毕业后，我真正的挑战就开始了。

在美国电话电报公司工作期间，我很快意识到自己必须充电学习，才能进入更高的平台，获得梦寐以求的工作。因此，我选择重返学校，攻读计算机信息技术专业的硕士学位。在攻读学位期间，我还研究了很多相关书籍，以弥补课堂上无法提供的答案。但之后我才意识到，如果使用互联网工具将会更加方便高效。随着经验的积累，我有幸获得了美国电话电报公司的发展职位，并开始为自己的事业而努力。这应该归功于我在工作中学到的技能、我的硕士学位课程，以及诸如谷歌之类的在线知识搜索工具。

能谈谈你目前所参与的编程工作吗？

我目前所做的主要工作是网站前端开发和数据库设计。这些工作用于构建你在互联网上随处可见的各类网页。创建网页需要用到多种语言，但我主要介绍几种我工作中最常使用的主力开发语言，它们分别是 PHP、JavaScript、SQL、CSS 和 HTML。此外，移动网站和移动应用程序开发目前都非常受欢迎，但在移动设备上开发移动应用程序需要学习不同的语言。诚然，所有的编程语言都各有用处，但是一旦你学会了第一种编程语言，就可以更快地学习其他语言。

我记得我在美国电话电报公司上班的第一天，满屏幕的代码让我感到非常恐惧，因为我无法分辨代码的开始和结束位置。但是随着不断地耐心学习，我开始意识到这些代码的深层含义与作用。

我们知道你有一个名叫“征服代码”（Codeconquest）的网站。你为什么要建立此站点？能说说你的目标是什么吗？

实际上我建立过许多网站项目，“征服代码”是一个致力于教授初学者如何编程的在线学习网站。自学时，我在互联网上找到了很多优质的免费资源，也从中学到了很多。现在我希望创建资源站点，并延续这一开放分享的设计理念。初学者可以使用这个网站寻找他们想要的学习资源，并解决他们在学习中遇到的问题。

“征服代码”有着非常完整的服务类目，各个年龄段的学生都需要这样的一个网站。这些服务就像现在随处可见的传统商业一样，每年 365 天、每周 7 天、每天 24 小时循环运作，持续不断。这个项目理论上可以覆盖世界上的任何人。在未来的 5 年中，出于各种原因，我们的年轻人迫切需要学习各式各样的互联网技能。我希望通过这个项目，把我们的日常学习和线上课程紧密联系起来。因为我们的学校目前不教授这些技能，包括互联网营销、网站开发、互联网创业精神等，我觉得这个项目填补了当下校园教育的空白。

你最喜欢和最不喜欢编写的代码部分分别是什么？

编程中最令人愉悦的部分，就是构建能够解决实际问题的模块，研发对用户群体有价值的互联网产品。我喜欢创建每个组件，并将所有组件进行集成，构建可用的产品。另外，编写代码不是有且仅有一种固定的方法，有很多方法可以解决相同的问题。我喜欢尝试不同的解决方法，如果我觉得方法不够好，我总是可以随时更改它。但某些错误的修改可能会让原有代码变得更糟。

我最不喜欢的部分，就是试图去理解别人的代码，然后不得不对其进行修改。正如我之前提到的，解决问题的方法不止一种，有时另一个开发人员正是希望以最混乱的方式解决他们的问题，而我的加入往往会使得项目适得其反。

你觉得计算机程序/计算机程序员未来的发展前景如何?

目前我们拥有众多的开发工具（例如拖放式开发工具以及易于使用的脚本和模板），所以在未来，开发人员很可能会摆脱开发软件的苦恼。对于传统开发人员而言，创建这些新工具的需求将日益增长。这类工具很复杂，需要完成十分艰巨的工作，并且要使技术水平较低的用户更加易于使用。总体而言，我个人认为这个领域在未来几年内依然会保持高速发展的趋势。

对于有兴趣成为程序员的年轻人，你会提供哪些有用的建议呢?

我的建议是新手程序员不要对最初陡峭的学习曲线感到恐惧。我将成功归因于两个主要元素：耐心和热情。刚接触编程时就像经营自己的企业一样，有很多东西要学习。学习的过程一开始都是令人沮丧的，你可能会非常想退出，但是你必须找到继续前进的耐心和动力。这种耐心来自于何处？你的热情将驱使你继续向前，并最终获得完成工作所需的知识与经验。耐心和热情是能够克服弱点的两大利器。

当下，有很多资源可以帮你入门。利用这些资源，你可以很轻松地尝试编程，并确定你是否真的热爱这项事业！相对于花 50 美元购买一个视频游戏，你可以按年租用一个域名和虚拟空间，并托管自己的网站，创造一些属于你自己的东西！

01001001001001001001001001001001001001001001001010

<表层网络和深层网络/>

你使用谷歌或火狐等搜索引擎访问到的互联网被称为表层网络。搜索引擎使用爬虫软件在每个网页的表面爬行，同时搜集页面数据。爬虫软件从一个链接跳到另一个链接，收集易于用户查询的索引信息，该信息将被提供给想要进行搜索的任何用户。当你在线搜索某些内容时，就能看到这些表层网络的网址链接。

但互联网的另一部分是搜索引擎无法直接访问到的，其规模有表层网络的约 500 倍之多，这部分被称为深层网络。这些页面被深埋在网站内部，隐藏在 Web 搜索框之后，需要键入特定的查询关键词才能找到。

例如，你想学习编写代码。你进入谷歌搜索引擎，在搜索框中输入“如何学习编写代码”。你会得到什么结果呢？搜索引擎会为你展示相关的培训机构列表，以及有关如何编写代码的大量文章。这就是你能够在表层网络上找到的东西。这些信息确实有实用价值，但实际上并不能帮助你进行深入学习。

接下来，单击来自 CodeHS 网站的链接，就能跳转进入内部页面。进入网站后，你必须先注册会员，才能观看编写代码的教程。这些需要注册才能观看的页面，就构成了深层网络。在深层网络中的绝大多数信息都是健康优质的，但有些不是。当你在网络上搜索信息时，一定要保持谨慎，不要随意透露包括你家人和朋友在内的个人隐私，除非你信任的长辈允许你这么做。

麻省理工学院设计了一种名为 Scratch 的编程语言，以帮助少年儿童学习编写视频游戏代码。小朋友们将编写好的代码模块相互拼接，就可以开发出各式各样的程序。这种玩法就像搭建乐高积木一样。到手即用的模块不仅使游戏的编程工作更简单轻松，而且便于开发者组合场景动画，例如跳跃的宠物狗、摇动树干的大象等。目前已有来自 150 多个国家和地区、使用 40 多种不同语言的儿童在使用 Scratch 编程，在线可共享的成果项目已经超过了 900 万个。

<为网站进行编程/>

Web 开发人员会在开始工作前与客户商谈，倾听客户的业务需求，然后为他们定制开发需要的网站产品。这些开发人员不仅能够制作精美的网站外观，而且该过程不一定需要编程专家参与。一些 Web 开发人员还会编写构建网站交互的脚本代码，但通常这项工作会被交给前端程序员来完成。

前端 / 客户端开发人员编写的代码用于展示网站的基本内容。除了需要具备基本的设计技能外，他们还应该知道如何使用 HTML 进行编程，这是所有 Web 应用程序的骨干语言。CSS 主要用于定制具体的页面布局，以及各个容器的分布规则。JavaScript 语言用于定义页面上的具体逻辑功能。Web 程序员需要确保他们开发的站点能够兼容不同品牌、不同版本的浏览器。他们不仅要确保站点的信息架构良好，而且要确保用户可以快速找到自己所需的重要信息，同时还要尽可能地缩短站点的加载缓冲时间。

后端 / 服务器端开发人员编写代码来管理网站的后台资源，他们负责构建由前端 / 客户端开发人员使用的后台架构部分。这些代码运行于托管服务器上。网站上使用的应用程序都需要这类服务的支持，例如显示商品或完成购买的应用程序，以及存储所有信息的数据库。网站安全性非常重要，并且对每个后端 / 服务器端开发人员的工作要求也包含了与安全有关的内容。了解如何保持网站的信息安全，对于后端 / 服务器端开发人员和整个行业来说都非常重要。后端 / 服务器端开发人员通常使用 PHP、Ruby、Python、Java 或 C++ 等语言进行工作。

Konami 代码

桥本一久于 1986 年创建了 Konami 代码（作弊代码），他当时的灵感来源于风靡一时的街机游戏。他认为按照既定规则测试游戏太耗费时间了，因此他创建了一个作弊代码，以使玩家的角色能够快速获得战斗力。但是游戏在正式对外发行时，这部分未删除的代码被其他玩家找到了。

玩家要想激活作弊代码，只需要在游戏手柄上按照顺序快速按出↑↑↓↓←→←→ BA。对于不同类型的游戏机台，按键的具体顺序可能会有所不同。

目前，作弊代码已经成为一种在网站上解锁奖励的流行趋势。例如，在 2009 年，使用这个代码可以在 ESPN 网站上看到闪闪发光的独角兽和彩虹。2010 年，一位工程师更改了 Newsweek 网站的头条新闻模块，并表示如果有人获得权限并输入了该代码，则表明该网站很有可能存在被入侵的风险。

全栈开发人员通常会跨领域工作。他们一方面能在后端进行服务器编程工作，另一方面也能在了解功能设计的前提下，帮助前端工程师进行编程。因为跨越领域工作需要大量的知识和经验，同时还要了解整个网站系统中各个模块的技术细节，所以能达到这种水平的程序员少之又少。

无论你对哪个领域感兴趣，最重要的是学会关注细节，在快速学习中成长，高效率地解决问题，以及与他人保持良好的沟通协作。

<互联网时间表>

1961 年：伦纳德 · 克莱因洛克发表论文《大型通信网中的信息流》，“互联网”的概念由此诞生。

1962 年：约瑟夫 · 利克莱德提出了“银河网络”的概念。同年，罗伯特 · 泰勒协助创建了阿帕网（ARPANET）。阿帕网是一个由计算机构成的网络，后来被称为“互联网”。

1965 年：人类历史上第一次建立了两台计算机之间的拨号连接，其中一台在美国马萨诸塞州，另一台在美国加利福尼亚州。

1968 年：网络工作组举行了第一次全体会议，讨论制定计算机与服务器相互通信的基本协议和规则。同年 12 月，接口消息处理器规范最终定稿。

1969 年：7 月 3 日，美国加利福尼亚大学洛杉矶分校发布新闻，首次公开对外介绍了“互联网”这一全新概念。同年 10 月，他们发送了第一条互联网消息。在这次试验中，第一次发送以失败告终，这也被公认为互联网历史上第一次网络崩溃。但随后进行的第二次发送成功了。

1971 年：雷·汤姆林森发送了互联网历史上第一封电子邮件。

1973 年：在尤根·达拉尔和卡尔·山森的帮助下，传输控制协议（TCP）和网际协议（IP）被设计完成，这两套协议成了控制互联网上所有计算机的通信工作的标准协议。

1974 年：ARPANET 成为全球第一家互联网服务提供商（ISP）。

1977 年：尽管调制解调器已于 1960 年首次发布，但这一年戴尔·海瑟灵顿和丹尼斯·海斯发布了他们自己研发的 80-103A 调制解调器。这是第一个为个人计算机设计的调制解调器，它可以连接任何电话，并且价格合理。这意味着任何想要上网的人都可以购买使用它。

1978 年：加里·苏尔克发送了计算机互联网历史上第一封垃圾邮件。

1979 年：第一家网络商业服务商——美联网（CompuServe）推出了上网拨号连接服务，并且所有人都可以购买使用。

1984 年： 互联网开始引入域名系统。Symbolics 是全世界第一个互联网域名，该域名由马萨诸塞州的一家计算机公司于 1985 年进行注册。

1989 年： 总部位于马萨诸塞州布鲁克林的世界互联网公司是美国第一家商业拨号与互联网服务提供商。

1990 年： 一位名叫蒂姆 · 伯纳斯 · 李的瑞士程序员开发了 HTML，该语言定义了互联网网页的排版与相互跳转规则。

1991 年： 蒂姆 · 伯纳斯 · 李引入了“万维网”（WWW）的概念。他认为万维网是一系列使用超链接的相互跳转的页面。正是这个概念的提出，使万维网成为当今最流行、最实用的在线工具。

1995 年： 随着大型公司和个人创建网站盈利风潮的盛行，互联网经济泡沫也逐步膨胀。

1996 年： 谢尔盖 · 布林和拉里 · 佩奇开发了一种爬虫搜索网络，并将其命名为谷歌搜索。

1999 年： 凯文 · 阿什顿创造了“物联网”一词，并在麻省理工学院建立了 Auto-ID 中心。现在，这里已经成了一个全球性的学术研究实验室。

2000 年： 许多互联网公司破产，互联网经济泡沫几乎破灭。同年，韩国 LG 集团宣布推出首台可连接物联网的智能冰箱。

4 种流行的动画软件包

1. 加拿大动画公司推出的 Toon Boom Studio 8，这是一款专业的 2D 动画软件，主要用在 2D 动画的设计制作当中，并曾在乐高电影中被使用。

2. 欧特克公司推出 3D 建模软件——3D MAX，用于 3D 建模、动画制作，还有材质光影渲染。

3. Adobe 公司推出的 Photoshop CS6 是一款面向艺术家的专业设计工具，用于编辑照片和创建位图。

4. MARI 是一款 3D 纹理绘画软件，被梦工厂用于《天才眼镜狗》《驯龙高手 2》等影片的制作。

2005 年：联合国首次承认物联网。

2008 年：首届国际物联网会议在瑞士苏黎世举行。

2010 年：谷歌推出了无人汽车自动驾驶项目，这是互联网无人驾驶汽车的开端。

2010 年：低功耗蓝牙（BLE）技术诞生，这将帮助个人健身、医疗保健、数据安全和家庭娱乐等领域中使用的物联网应用取得新的发展和突破。

2011 年：IPv6 诞生，该协议将 IP 地址的分配总量增加到约 3.4×10^{38} 个，从而极大地增加了可接入互联网的设备总量。

2014 年：全球网络领导者——思科系统公司估计，当年约有 121 亿台设备连接并使用互联网，并预测这个数字将在 2020 年突破 500 亿。

聚焦阅读

威廉·亨利·比尔·盖茨三世（生于1955年），世界上最大的软件公司——微软的创始人

比尔·盖茨于1955年10月28日出生于美国华盛顿州的西雅图。他的父亲是一名律师，母亲是一名将业余时间用于社区慈善项目的全职太太。盖茨与他的两个姐妹一起长大。他小时候天资聪慧，经常因在活动中表现出色而获得嘉奖。

盖茨13岁那年，他的父母意识到他的校园生活很无聊。为了防止他变得过于孤僻，父母将他转到了湖滨学校进行学习，这所学校开设了许多具有挑战性的课程。盖茨在新的环境中学习成长，从数学到戏剧，每一个学科的成绩都十分优秀。

在湖滨学校，盖茨遇到了保罗·艾伦，这个男孩后来成了他的挚友和商业伙伴。他们两人因对计算机的热爱而开始合作，他们花费了大部分空闲时间来思考计算机程序能做什么，并开始学习使用BASIC编写程序。那时盖茨编写了音乐播放器和井字填字游戏。后来他们共同为一家计算机公司开发了员工工资核算程序，并为他们的学校编写了教师自动排课程序。

1970年，盖茨15岁，艾伦17岁，那年他们开始了自己的计算机事业。他们合作的第一个项目是一款监控流量模式的程序，之后他们将这个程序以20 000美元的价格出售。两人希望继续合作，但盖茨的父母坚持让他继续进入大学深造，希望他能追随父亲的脚步，成为一名出色的律师。

盖茨在高中时成绩优异，并在SAT测试中获得了1590分（满分1600分），并于1973年被美国哈佛大学录取。但是，他对当时的大学专业并不感兴趣，大部分时间都在计算机实验室里度过。一天，艾伦给盖茨分享了一篇关于 Altair 8800 微型计算机套件的文章，两人一致认可在这台计算机上编写软件程序的可行性。

在不接触实体机的情况下，盖茨和艾伦开始为 Altair 8800 编写定制化的软件程序。之后艾伦前往新墨西哥州的阿尔伯克基，把它展示给微型仪器和遥测系统（MITS）公司的总裁。这款软件非常受欢迎，艾伦也很快就被 MITS 录用了，同时盖茨也从大学辍学，这让他的父母非常沮丧。

不久之后，盖茨和艾伦再次成为合作伙伴，创立了一家名为微软（Microsoft）的新公司，这个名字源于微型计算机（Microcomputer）和软件（Software）的混合拼写。1978 年，盖茨将微软总部迁至华盛顿的贝尔维尤，在那里，他和艾伦继续为不同的计算机公司编写各式各样的软件程序。那时的微软有 25 名员工，总销售额为 250 万美元，当时的盖茨仅 23 岁，担任公司负责人、首席软件开发人员、对外发言人。

1980 年，计算机巨头 IBM 正在寻找团队为其新开发的个人计算机编写软件程序。他们联系了微软，盖茨承诺可以与他们合作。但是有一个问题，他无权访问 IBM 的操作系统。在未通知 IBM 的情况下，他自己创造了一个在 IBM 计算机上可运行的通用操作系统，这样软件就可以在 IBM 的计算机上运行了。IBM 发现后，希望能买断该软件和系统的全部底层源代码，但遭到了盖茨的拒绝。盖茨认为微软应该选择保留操作系统部分的权利，并仅对 IBM 开放软件系统使用许可证。这是一个天才的商业举动，到 1981 年底，微软拥有 128 名员工，销售额约为 1600 万美元。

艾伦于 1984 年从微软辞职。在盖茨的领导下，公司发展迅速。盖茨的下一个重大创新是 Windows 操作系统。这款操作系统可以与文本 MS-DOS 系统兼容，但对用户更加友好。使用 Windows 操作系统后，计算机用户将在屏幕上看到图形和图像，而不仅仅是黑白文本，并可以

使用鼠标而不是键盘进行交互操作。

1994年，盖茨与法国人梅琳达结婚。这对夫妇有3个孩子——詹妮弗、罗里和菲比。多年来，微软发布了许多流行的软件程序，包括Microsoft Office（Office办公套件）和Microsoft Internet Explorer（IE网页浏览器）。盖茨在1986年将微软推上股票市场时，他就成了家喻户晓的百万富翁，并在一年内增值成为亿万富翁。如今，他的身家约790亿美元，是世界上最富有的人之一。

盖茨于2000年卸任微软首席执行官一职，转而专注于软件开发。2006年，他宣布将彻底离开微软公司，投身社会慈善事业。他在微软的最后一个工作日是2008年6月27日。

多年来，盖茨和他的妻子在慈善领域投入了很多时间和金钱。在盖茨和梅琳达基金会的支持下，他们共同致力于完善全世界的教育和卫生体系，并在改善贫困社区的生活条件方面取得了优秀成效。

名称： 杰克·加兰特

年龄： 18岁

工作（在课余时间）： TeraByte视频游戏创作营总监

你是从什么时候开始对编写计算机程序代码感兴趣的？

6岁那年，我第一次参加了由哥哥主讲的视频游戏设计训练营，并迷上了自己设计视频游戏。从那以后，我每年都会着手制作更细致、更高级的视频游戏，并继续学习新的相关技术。

你是如何创建TeraByte视频游戏创作营的？

TeraByte 视频游戏创作营是由我的哥哥扎克在九年级时创办的。头两年，扎克在他的学校租了一间计算机实验室。然后，他购买了计算机，并在家中的车库创建了一个计算机实验室。在过去的 12 年中，数百名付费学生前往创作营学习视频游戏设计的基础知识。我最初是一名普通志愿者，后来渐渐成了培训顾问，并最终成了专职培训顾问。当我八年级的时候，因扎克要外出学习和工作，所以我接任了创作营总监一职。从那时起，我就开始负责整个创作营的销售、教学、排课、招聘、培训和监督顾问工作，解决技术问题以及与学生的父母打交道。

能给我们介绍一下TeraByte外展活动吗，你发起这项活动的目的是什么？

这个外展活动是由我独立发起的，旨在为本地区及世界各地的贫困儿童提供视频游戏设计课程。这个活动首次举办的暑假，我对来自同一所学校的 5 名青少年学生进行了免费培训。该公益活动在过去的 4 年中不断发展壮大，今年我们的计划涵盖了 5 所学校，约有 120 名学生参与。在师资上，已有 12 名志愿辅导员 / 老师加入这项活动，开课时间安排在 6 月，持续 2 周，每周 3 节课。在该项目执行的 4 年中，我为来自达拉斯、中国、以色列等国家和地区的约 270 个孩子提供了培训机会。

我利用创作营的收益为学生提供培训计划、小吃饮料、结业证书及 T 恤和玩偶等周边小礼物。我的目标是尽可能地为弱势儿童提供教育机会。这也是我又创建了一个在线课程站点的原因。在这套课程中，我录制了 10 个视频，每个视频都包含不同的知识点和具体内容。我与合作的学校共享这套课程库，学生们可以在线观看视频，通过共享工具与我分享他们的作品，向我提出设计中遇到的各类问题。

我觉得这个项目最困难的环节就是联系相关决策者（负责人或顾问），并让他做出承办的答复。例如今年夏天，我的承办方未接听电话，也没有回复我的电子邮件，我不得不多次亲自上门拜访，只为见他一面。尽管那已经是我们在该校举办创作营活动的第三年了，但约见负责人还是一件难事。幸运的是，经过我的不懈努力，她最后同意把课程时间从一个星期延长到两个星期。还有一次，一位校长告诉我她有承办创作营活动的打算，但后来却没有兑现，因为她没有获得相关的许可。最近，我说服了一所新学校加入我的项目，是因为我可以将学生带到附近其他获得许可的学校去上课，这就克服了新学校需要的各种授权手续和监督许可的问题。

在项目中，另一个挑战是在每台计算机上安装软件开发环境。由于这些学校的计算机很旧，因此安装所需的时间比平时要长。我们为学校的每台计算机安装环境需要花费好几个小时。不幸的是，计算机实验室中的老师也很难联系到专业的计算机技术员进行协助，而且在跨学年的时候，校内计算机都要进行系统清理。每一年创作营开营前，我都必须重新安装程序和开发环境。我每次都会为这项工作留出足够的时间，并确保每台计算机都处于上手可用的状态。

听说你正在学习中文，然后打算前往中国从事编程教学，能描述一下你的计划吗?

我在北京的一所国际学校组织成立了一个创作营。学校借给我一间办公室和一个计算机实验室。在学校领导的帮助下，我们邀请了当地一所公立学校的 15 名中国孩子前来参加，其中还包括两位外国籍的小朋友。除了常规的设计课程外，我还附加了计算机基础和游戏设计课程。那两个小男孩虽然说英文，但都在中国长大。我教学使用的范例程序和在美国使用的一致，并且语言也是英语。

我之所以学习中文，是为了能够与中国的孩子更好地交流。我还研究了游戏设计中的中文专有名词，希望无论使用编程语言，还是授课语言，都能够在课堂上与孩子们流畅交流。那个时候，我意识到语言学习能够帮助我与来自不同国家、说不同语言的孩子们互动，并进一步了解不同文化之间的相似之处。

你是如何平衡功课和其他所有课余活动的时间的？

我认为，功课是最重要的优先处理事项。我每天都会按时完成家庭作业，所以我不会在学校的课程进度上落后。我也尝试在校内的闲暇时间里做一些工作。在大多数学习时间中，我要等到晚上 7 点才开始做家庭作业。当我外出参加辩论比赛时，最困难的部分就是做作业，那时我总是担心会错过学校课程。幸运的是，我的朋友会帮我做好笔记并与我分享。在飞机上时，我还必须做一些与辩论赛相关的工作。同时，在参加比赛期间，我也会帮助我们团队的其他成员。

由于我主要是在暑假期间经营 TeraByte 项目，因此该项目对我的学业影响不大。在平时的上课时间，我只需要制定具体的暑期培训计划即可，这个计划包括为学校、辅导员和参与者制定工作或培训日程。我主要通过电子邮件、电话会议、会面等方式来推进工作。相比之下，我的暑假时间就安排得非常紧凑，但是我所有的活动（辩论赛、TeraByte 和中文学习）都会错开穿插着进行。

你对10年后的自己有什么憧憬和期待吗？

我想我可能会进入法学院进修。因为我比较喜欢法律、公共政策和科学技术方面的工作。我在两年前专注研究“墨西哥的经济互动”这一辩论主题时，就已经了解到知识产权的相关内容，所以我的梦想是成为一名专利律师。与此同时，由于我特别关注公共政策和国际问题，所以我可能也会考虑前往外交部门或国务院工作。

010010010010010010010010010010010010010010010010

人工智能技术与机器人

乐观主义者说：“杯子是半满的。”
悲观主义者说：“杯子是半空的。”
程序员说：“杯子的总容积是当前所盛液体体积的两倍！”

人工智能工程师大致分为两类：一类是在游戏行业工作的，另一类是在电信、军事或学术界等其他领域工作的。你已经在上一章中学习了视频游戏制作的相关知识。接下来，你可以了解到其他使用人工智能编程技能的职业方向，尽管这两种职业道路很相似，甚至还有所交叉，但随着行业内细分领域的不断发展，它们已经成为截然不同的两种职业规划选择。

<什么是人工智能? />

人工智能是计算机科学的一部分，其重点是创建可以与人类合作，并对外界刺激做出适当反应的智能机器。在1950年发表的论文《计算机械与智能》中，对理论计算机科学和人工智能都十分了解的科学家——艾伦·图灵讨论了制造人工智能计算机的可能性。他的论文开头是这样的：“我建议大家考虑一下这个问题：‘机器可以思考吗？’。”

谷歌公司的蛋形小汽车曾以 40 千米 / 小时的惊人速度在加利福尼亚州山景城的街道上行驶。根据谷歌的自动驾驶项目负责人克里斯·厄姆森的说法：“我们计划在下一阶段的项目规划中，为安全驾驶员配备可选方向盘、油门踏板和制动踏板，让他们可以参与测试驾驶这些自动车辆。”

与此同时，特斯拉汽车公司和梅赛德斯－奔驰公司在未来的研发计划中，都提及了自动驾驶汽车与无人驾驶技术。

图灵提出了一项名为“模仿游戏”的机器测试，以验证计算机是否真的具有像人一样思考的能力。在他的测试（现在被称为图灵测试）中，一台由人工控制的计算机和一台人工智能计算机被各自接入到一个显示器上，坐在另一个房间里的测试人员在终端上输入问题，分别提交给两台计算机进行回答。然后，测试人员必须确定哪个响应者是人类，哪个响应者是机器。如果 50% 的测试判断都正确无误，则我们认为该机器具备模仿人类的能力。在只有一个测试主体的情况下，也可以进行这样的测试，测试人员必须判断出回答问题的是人类还是机器。现在，全世界的研究机构和大学都在研究人工智能。如果你对于创建一个像人一样会思考和推理的机器非常感兴趣的话，那么你就有可能加入这样一个对计算机编程来说非常重要的新兴领域。

人工智能程序员主要负责以下工作。

- 编写语音识别软件。例如大多数智能手机上使用的语音识别软件、学生用来做笔记的笔迹手写软件，以及执法部门和军方使用的面部识别软件。
- 创建能像人类一样推理和进行逻辑思考的机器。
- 研发并应用机器人技术。开发人员致力于让机器人足够聪明，能够自动寻路、执行任务和操纵对象等。
- 制作电子游戏，让人们在多媒体视频游戏，或传统国际象棋比赛中与智能计算机玩家进行对战。

- 研发人员与金融机构或跨国银行进行合作，利用人工智能技术管理客户的投资资产，并跟踪资产流动。
- 研发智能软件，以帮助医疗中心和医院安排会诊日程、分析过往病历、处理医学图像以查找患者病灶等。
- 开发能在工业制造中开展工作的人工智能机器人，这些机器人被用于执行对人类来说过于危险的任务，例如处理易燃易爆品、放射性物质等重复但至关重要的任务。这些任务一旦发生错误就可能危及操作者的生命。
- 研发语音识别软件来协助在线语音中心的日常工作。智能话务员将与来电客户互动，完成有限的基本交流。
- 研发诸如 Furby 和 Drive 之类的智能家庭玩具，其中人工智能软件负责控制这些玩具的动作。
- 在音乐产业中打造神奇的应用，人工智能软件程序可以模仿音乐家或歌手的声音。
- 利用人工智能支持军事和航空业。人工智能可用于飞行仿真、轨迹计算，以及实时空中物体识别。
- 为国土安全等政府有关部门提供技术支持。人工智能可以帮助这些部门收集大量数据，同时过滤垃圾邮件。

智能玩具的历史

自动化装置最早是中国古代的一门独特的手艺，同时也在犹太人的传说和希腊神话中被广泛提及。但目前我们已知最早的机械时钟是安提凯希拉（Antikythera）装置，其历史可以追溯到公元前一世纪左右，这种机械可用于计算夜空中恒星的位置。

史密森尼博物馆中珍藏着第一个被认为是“玩具”的机器人。这是一个高约 380 毫米的发条和尚，其历史可追溯到公元 1560 年。当发条和尚的发条被拧紧后，他会在方形小路上前进，用右手臂重击胸部，还会晃动左手、转头、点头、翻白眼等。

在接下来的几个世纪中，人们陆续出现了布谷鸟钟、发条音乐盒等自动玩具，在那之后，自动机械玩具开始风靡。20 世纪 70 年代后期，出现了像 Chatty Cathy 洋娃娃一类的玩具，玩具内部装有媒体播放器，拉动拉绳，洋娃娃就能发出声音。

微处理器于 20 世纪 70 年代中期问世时，真正的智能玩具开始出现在市场上：例如德州仪器公司研制的拼写单词游戏（Speak & Spell）；拥有可动的眼睛和嘴巴，并能给孩子讲故事的益智机器泰迪熊 Ruxpin。

如今，智能玩具已经能使用语音识别装置来理解孩子们的话，并给予回应。它们能从已知的单词列表开始学习，和孩子们互动，从他们的生活中学习更多知识。乐高思维风暴是当今非常流行的一种智能玩具。使用乐高玩具套件、传感器和处理器，孩子们可以组装和控制自己的机器人。

<人工智能编程语言/>

➪ IPL（第一种面向人工智能的编程语言）

➪ C++

➪ Haskell

➪ Lisp

➪ Planner

➪ POP-11

➪ Prolog

➪ STRIPS

姓名：伊森·谢兹勒

年龄：16 岁

工作（在课余时间）：机器人程序员

你是什么时候第一次发现自己对编写代码感兴趣的？

在我很小的时候，就对科学技术很感兴趣，同时也对计算机感兴趣。2006 年，我买了一台 Mac mini（与我的兄弟共用）。从那时起，我对计算机更加着迷。有了这台计算机，我做了许多在我看来很酷的事情，例如音频剪辑和视频编译。在 2009 年，我获得了一台主要用于文字处理的 Samsung NC10 笔记本电脑，之后便开始对计算机世界进行更深入的探索。

后来，我了解到了开源系统——Linux，这成了我的学习转折点。这个系统与我熟知的 Windows 或 Mac OS 操作系统完全不同，它竟然是完全免费的！我一开始借助光盘运行 Ubuntu Linux 9.04 发行版，后来我将它安装到了 Windows XP 的双启动配置里。与 Windows 和 Mac OS X 相比，这款系统更加易于访问和使用。之后，我开始研究如何在计算机上做一些更酷的事情。

在上小学时，我意外获得了参加 FIRST 机构与乐高集团组成的一个联盟组织（FLL）的机会。由于我对技术、计算机、科学创造都很感兴趣，因此这对我来说是一个极具吸引力的机会。对我而言，FLL 最吸引我的方面之一是机器人编程。FLL 比赛要求使用乐高 NXT 主机，其中包括了 NXT 总控模块，这个总控模块能指挥机器人完成各类计算任务。（FLL 比赛要求只能使用由乐高部件组装成的机器人，其中包括电动机、传感器和各种其他外围设备。）

在 FLL 比赛中我们必须使用 NXT-G 进行编程。NXT-G 是专门为乐高

NXT 设计的编程语言，这是一种基于 LabView 的图形界面可视化编程语言。借助 NXT-G，我掌握了许多编程概念，例如循环、条件语句、分支结构等。此外，我还学到了很多与编程机器人运行逻辑有关的知识。

你是如何学习编写代码的，你都学习过什么语言呢？

我首先学会了通过 FLL 和 NXT-G 编写代码。后来我开始学习 C 语言，并阅读了一些有关的编程书籍。当我开始参加 FIRST 科技挑战赛（FTC）时，我使用了 NXT 语言，但没有使用 NXT-G 这样的图形化界面。接下来，我转而尝试使用为机器人设计的 C 语言，这种语言被称为 ROBOTC。通过 FTC 的实践，我积累了很多 C 语言编程的经验，以及与编程有关的常规计算机知识。在今年的 FTC 中，新平台使用 Java 来替代之前的 C 语言。我觉得学习功能更强大的安卓系统的编程语言将会很有帮助，但这意味着我要继续学习相关知识。因此我一直都在阅读有关书籍，并学习有关 Java 的入门课程。因为我已经掌握了有关 C 语言编程的知识，所以学习 Java 要比学习 C 语言容易得多，而且有些 C 语言编程经验在 Java 中也一样适用。

能谈谈你之前参与过哪些有趣的编程项目吗？

我参与过的最有趣的编程项目，是上一个 FTC 赛季中编写控制机器人的代码片段。该代码的一个特别有趣的方面是利用比例积分微分（PID）来同步所有车轮的速度。因为我们的机器人使用的是万向轮，所以这个程序对我们来说至关重要。这种特殊的轮子能让机器人在前后、侧向、对角线等方向上进行自由移动，但是由于机器人在轮子之间的质量分布不均，所以会产生移动误差。幸运的是，使用 PID 同步车轮有助于解决这个误差问题，帮助机器人更加精准有效地运动。因此，拥有一个可用的数学计算库非常重要。

另外，赛季挑战赛要通过将球放入直立且可移动的六边形管中来得分。我把思考的重点放在了可移动的管子上。我用两个“滚子”结构组成的装置来捕获小球，然后将它们扔进可调滑槽中，再把小球倒入管子里。

与六边形管对接的系统使用了两个“抓取器”和两个光电接近传感器。我通过代码实现了用两种不同的方法来使机器人自动停靠到目标上。其中一种方法我称之为“近似停泊功能”（SimpleDock）：一旦其中一个光电接近传感器的值在某个范围内，而另一个传感器的值与第一个接近，机器人就将自动与目标对接。在伸缩过程中，如果驾驶员手工操作机器人，就可以利用此功能，以便机器人能轻松地对准目标。如果不用这个功能，驾驶员用肉眼很难判断机器人是否在成功对接的范围内。

第二种方法被称为“智能停泊功能”（SmartDock），它通过实际控制机器人向目标的移动来实现对接。从两个光电接近传感器取值，然后尝试微调机器人两侧，使两个传感器输出的值都在一个特定范围内。如果在微调了特定距离之后，两个光电接近传感器均未输出在该范围内的值，则它将产生一个信号，并指挥机器人再次尝试移动。这样一来，即使机器人不慎与目标底部发生碰撞，也还是可以成功地与目标对接的。

你为什么会对机器人产生兴趣，并决定参加相关的比赛呢？

FLL 小组成立后，我参加了小学科学技术的“灵感机器人技术小组”。这个小组在编程方面特别吸引我。在 FLL 小组中，我们的项目大体分为两个部分——自主机器人部分和项目研发部分，两个部分的主题都围绕着特定的现实问题发起挑战。自主机器人部分要求机器人被编程为完全可自主运行的模式；项目研发部分则要求针对特定问题制定解决方案，并提交给评审团评判，每个特定问题都以年作为挑战周期。直到上高中以前，我都在坚持参与 FLL 组织的活动。现在，我已经参加了 FTC。

你都为比赛做了哪些准备呢？

对于 FTC，我整理了许多适用于比赛的材料、编程和测试的想法。此外，我们的团队还定期开会，交流彼此的想法，并探讨诸如资金、材料和工具等其他比赛信息。

为什么你认为你的同龄人学习如何编写代码非常重要？

现在，大家几乎每天都在与计算机进行交互，了解更多的计算机知识很有意义。由于计算机都是依靠程序来进行工作的，因此了解编程很必要。计算机是一种工具，只有你充分发掘其潜力，工具的利用率才能提高。因为在几乎所有的现代工作中人们都会使用计算机，所以具备编程能力非常重要。

编程还能培养我们的逻辑思维能力，这一能力在任何地方都有用，另外我们还可以借此创建有趣的项目。如果你不知道如何编程，你就无法理解计算机的思考方式，可能会在工作中失去对计算机的控制，同时这也会限制你灵感的发挥，影响你的思考能力。

你是如何平衡功课和其他所有课余活动的呢?

机器人技术等项目会花费我很多时间，但是我在进行项目研究之前，一定会保证先完成我的家庭作业。我觉得制作时间安排表对我安排任务很有帮助，这样我就不会在一件特定的事情上拖延过多时间。

你对10年后的自己有什么期待吗?

我计划继续学习计算机编程知识，同时还计划继续学习有关计算机、科学技术以及相关领域的更多技能。

010010010010010010010010010010010010010010010

机器人工程师

无论是 20 世纪 60 年代的电视动画片《杰森一家》，还是当下最流行的《超能陆战队》《大英雄 6》，有关机器人的电影总是吸引着无数的影迷。在这些机器人当中，有像钢铁巨人和汽车人这样的正义机器人，它们努力拯救自己的地球人朋友；还有一些机器人则试图摧毁人类文明，如霸天虎和终结者之类的反派机器人。

从最初设想的机器人电影开始，机器人之间就一直存在着内部斗争。人类如果设法创造这些能独立思考，并相互对抗的机器，事情可能会变得非常可怕，甚至可能引发一场严重错误。所以人类在制造那些庞然大物之前还有很多问题要思考！但幸运的是，我们目前不需要对此太过紧张。到现在为止，

机器人可以进行一场很棒的国际象棋比赛、可以在火星表面行走并探索、可以帮助警察排除易爆易燃物品，还可以在生产流水线上组装或制造产品。这些机器人的共同点是什么？可以重复地、不知疲惫地执行一系列特定但复杂的工作任务，这些任务是由程序员编写并上传到机器内存中的。

<什么是机器人？/>

机器人工程师将可编程计算机作为机器人的大脑，利用程序来控制机器人的运转。如果你希望机器人执行命令，就需要对其进行特定的编程。如果你想改变其工作方式，只需对其进行重新编程。机器人工程师设计并维护这些机器人，拓展它们的应用领域，并不断突破当前机器人的能力极限。

机器人工程师使用计算机辅助设计制图和计算机辅助制造软件来进行机械设计。与此同时，了解如何为机器人编写特定的任务工作代码也很重要。以下是机器人工程师可能从事的领域，领域的不同决定了机器人的类型和技术也各有不同。

1. **农业**：机器人被用来收割农作物，包括易损坏的水果和蔬菜。生菜机器人就是这样一种机器人，它们可以采摘易损坏的生菜。
2. **汽车**：机器人负责组装汽车、测试安全设备和焊接零部件。
3. **构造**：机器人负责切割、堆叠、捆扎、包装并将成品传送到托盘上，还负责焊接金属零件，对零件涂抹黏合剂并组装框架。

“机器人”一词

“机器人”一词来自捷克语中的Robota（“强制劳动者”）一词。“机器人”这一称呼是剧作家卡雷尔·恰佩克在1920年出版的科幻小说《R.U.R》中给这些机器起的名字，该剧讲述的是如何让机器人产生人类的情感，然后开启他们的心智和学习能力。后来，机器人的叛乱导致人类文明灭绝。尽管恰佩克因在剧本中创造了“机器人”一词而受到赞誉，但在 1933 年接受捷克报纸《利多夫・诺维尼》的采访并撰写的文章中，他还是将这个功劳归功于他的兄弟约瑟夫。

“机器人”一词常常被用于描述机器人的研发和创造过程，科幻小说家艾萨克・阿西莫夫最早使用该词。他在 1942 年出版的短篇小说《逃跑》中定义了“机器人三定律”。在当今热门的许多机器人主题的书籍和电影中，剧情矛盾爆发的根源都在于这 3 条定律。

1. 机器人不得伤害人类。
2. 机器人必须服从人类的命令，除非命令与第一条相冲突。
3. 机器人必须保护自己，除非命令与第一或第二条相冲突。

4. **娱乐**：机器人正在成为当下最流行的家庭玩具和宠物伴侣。
5. **医疗保健**：像 CosmoBot 这样的机器人可以帮助智障儿童的后天恢复治疗，并陪伴其成长。PARO 机器人则可以帮助治疗动物。机器人还可以与医护人员合作，分发日常药物并协助医生手术。
6. **实验室**：在大学、工程公司、研究机构中的机器人常帮助人们测试新颖的想法和项目。
7. **执法和军事**：机器人可以在危险区域执行巡逻、排爆、安检等高危任务。另外，在人质被劫持等特殊情况下，机器人可以参与人质解救与紧急救护任务。
8. **制造**：机器人经常进行重复性的机械工作，例如包装、上漆、组装。它们还能从事更复杂的工作，有效避免人为操作错误导致的意外伤害或死亡。
9. **采矿**：机器人可以在地下从事最危险的工作，比如在对人类来说的高危区域挖掘、勘探、运输矿物。
10. **公用事业公司**：机器人可以进行电力管线排查，并检测线路的老化磨损情况。它们还可以沿着燃气和供水线路移动，以检测可能破裂的薄弱区域。
11. **仓库**：机器人经常进行大部分的重复性搬运工作，从而消除了人工作业引发工伤和存货损坏的风险。

12. **太空探索**：机器人可以在环绕行星的轨道上工作，甚至还可以在火星上行走。Robonaut 是 NASA 研发的新型太空机器人，其外观和工作原理都类似于人类，它可以到达人类无法到达的地方。

姓名：索尼娅·切尔诺娃

工作：佐治亚理工学院助理教授

你是从什么时候开始对编写计算机程序代码感兴趣，并决定将其作为你职业生涯的发展重点的？

我并不是天生的计算机专家，一开始我了解的计算机知识仅限于玩游戏、和朋友聊天、应付学校的计算机作业。那时，我根本不了解计算机需要什么才能正常工作，具体的工作原理是什么。在学校里，我最喜欢的课程是数学和科学，但是这两个课程我觉得都不适合我。在高中学习期间，我首次尝试了学习编程，发现它非常简单而且有趣。高中毕业时，父母鼓励我选择计算机科学专业，因此我决定在大学里攻读计算机科学专业。

工业、电影和电视界的著名机器人

- AIBO：索尼公司发布的可与人类互动学习的机器人宠物。
- ASIMO：本田公司制造的机器人，可以像人一样使用双腿直立行走。
- 达塔（Data）：电影《星际迷航》中最像人类的机器人。

- ➪ HAL：在电影《2001：太空漫游》中控制飞船的智能计算机。
- ➪ 钢铁巨人（Iron Giant）：电影《钢铁巨人》中的一个高约 15 米、以金属为食物的巨型机器人。
- ➪ 火星漫游者（Mars Rover）：被 NASA 送往火星的空间探测机器人。
- ➪ R2D2 和 C–3PO：电影《星球大战》中的智能机器人。
- ➪ 机器人（Robot）：20 世纪 60 年代电视连续剧《迷失太空》中的机器人。
- ➪ Rosie：20 世纪 60 年代动画系列《杰森一家》中的机器人。
- ➪ 桑尼（Sonny）：2004 年电影《机器人》中的机器人。
- ➪ WALL–E：2008 年动画电影《机器人总动员》中的机器人。

你是什么时候开始对机器人技术感兴趣，并决定将你的研究重心转移到机器人研发上的?

一开始，我在位于匹兹堡的卡内基梅隆大学学习计算机科学专业的课程。碰巧的是，这所大学还拥有世界上最大的机器人研究中心之一——机器人学院。我在这个中心学习人工智能课程期间，发现自己迷上了研究机器人。

机器人这个研究课题处在虚拟程序设计与现实世界应用的交汇点上。机器人在程序运行良好时，会有令人满意的表现，因为你会看到代码在现实世界中确实发挥了作用。当然，你设计的缺陷代码（称为程序错误）可能会使你的机器人做出一些疯狂的行为（很搞笑也很有趣）。我的第一个机器人项目是对机器狗进行编程，让机器狗完成踢足球的任务，以研究如何将一群机器人设计为一个团队来协同工作。这是一个很棒的项目，我喜欢看到我的代码在现实世界中产生实实在在的效果。

你是如何靠自己的努力，成功应聘获得现在这份工作的?

为了成为一名合格的教授，我首先得完成大学专业课程，然后获得计算机科学专业博士学位。在攻读学位的这段时间里，我连续好几个暑假都在机器人行业相关的技术岗位上实习，这其中还包括前往日本东京进行为期 3 个

月的海外工作。与此同时，我还前往意大利、葡萄牙、英国和德国等地，参加了许多有关机器人技术的展览会，向同行伙伴介绍我的工作。

能谈谈你所从事过的一些项目吗?

我工作的重点是对机器人进行编程，并赋予它们自主学习的能力。大众普遍认为，传统意义上的机器人只会日复一日地在生产流水线上执行重复任务。对于绝大多数用于工厂和仓库管理的机器人来说，情况确实如此。但是机器人必须能够主动适应新的环境、自主学习并选择工作策略。

例如，你打算为家庭购买一台全自动清洁机器人。每个家庭的房屋布局都是独一无二的，因为不同家庭的家具陈设和装修布置都不一样，同时也有不同的清洁偏好和时间安排。由于存在这些差异，所以研发人员无法一开始就进行预先设置和编程，机器人只能自己学习如何打扫房间。机器人需要学习如何识别你房间里的杂物，但这就像你的朋友第一次来你家里做客一样，他也不熟悉你家的环境，机器人也一样。所以机器人需要具有独立学习能力，而且要能够适应不同的环境。

我的工作重点是让机器人能够在工作中学会新技能。例如，有一天你购买了一台自动清洁机器人，你只要简单地为机器人展示房子的结构，它就知道如何完成清洁工作。我们开发的算法通常被称为“从演示中学习”，目的是使机器人能够通过观看人类的演示来进行学习。

目前你是机器人自主与互动学习（RAIL）实验室的负责人，能谈谈你日常的工作情况和工作内容吗?

我大部分时间都在与学生讨论项目情况，实时获取项目的进展，并计划下一步的项目安排。我觉得在工作中最令人兴奋的部分，就是可以自由探索各种挑战和问题，而且我们一直在发现新的事物。此外，我还负责教授机器人技术和计算机科学课程，与来访者见面，并帮助同领域的其他同事开展工作。

你对机器人技术的未来有什么看法吗?

未来几年，与机器人技术相关的职业需求缺口将急遽增大！目前机器人正通过无人驾驶汽车、清洁机器人和无人机等先进载体进入数百万人的日常生活。医学是机器人技术应用的另一个新兴领域，机器人在假肢、自动轮椅、智能家居、手术与术后康复方面都有很广泛的应用空间。在上述这些领域中，许多社会工作将被构建好的机器人系统所取代。但是需要更多的工程师来构建机器人学习和理解世界的工具，从而帮助机器人融入整个社会大环境。

你能给那些对机器人领域的工作感兴趣的孩子们，提供一些宝贵的建议吗?

众所周知，在今天，机器人技术比以往任何时候都更受欢迎。近年来，有许多中学成立了机器人俱乐部。如果你有兴趣参与，可以看看你所在的学校是否有类似的俱乐部可以加入，或者你可以尝试建立自己的俱乐部。与此同时，你还可以报名参加全国性的培训计划和相关赛事，例如 FIRST，这些大赛和活动可以帮你找到志同道合的小伙伴。

0100100100100100100100100100100100100100100010

聚焦阅读

乔治·德沃尔（1912—2011），发明家，第一个可编程机器人手臂的发明者

1912 年，乔治·德沃尔出生于美国肯塔基州的路易维尔。他年轻时对任何与机械或电气有关的事物都非常痴迷。那时的他读书刻苦，并不断在生活中寻求实践的机会。读高中的时候，他为学校的电光源厂义务工作。他一直在思考真空管等电子元器件的新应用领域，包括如何建一个无线电台。

20 岁的时候，他没有选择上大学，而是选择了下海经商。他的公司联合电讯生产了一种将声音直接录制到胶片上的产品。当他发现像美国无线电（RCA）和西电这样的大公司已经在市场上销售这类产品的时候，他就终止了此类产品的生产计划，并转而寻找其他业务发展方向。

他推出的下一款产品是自动光电开关，并将专利授权给了耶鲁大学和汤恩公司，之后这项技术被用于制造畅销世界各地的自动门。德沃尔自己公司的工厂发明了正平面照明设备，该照明设备更明亮，也更容易安装。他还发明了用于胶印机的光学控制装置，为铁路快递公司发明了用于分拣包裹的早期条形码系统。1939 年，他的公司在纽约博览会入口处安装了自动光电计数器，对走过大门的参展人员进行统计。

第二次世界大战期间，他出售了自己的产品和公司，并前往斯佩里陀螺仪公司工作。在那里，他主要负责开发雷达和微波检测设备。几年后，他开始为美国海军和空军研发雷达设备，他的雷达系统在诺曼底登陆日前后被安装在盟军的战斗机上。

在整个 20 世纪 40 年代，德沃尔都在研究他自己的创意，最终为第一台工业机器的磁记录系统申请了专利。与此同时，他还与第一台商用微波炉的开发商——快餐小子团队达成了合作协议。德沃尔的机器可以自动烹饪并分装热狗。到 20 世纪 50 年代初，他已经在为自己的磁记录系统开发配套的业务应用程序，同时还开发了高速打印系统。

1961 年，德沃尔的程序化转移物品专利获得批准，该专利指出："本发明涉及机器的自动操作，特别是搬运设备，以及适用于这种机器的自动控制设备。"这项被称为通用机械臂的发明改变了公司的流水线运作方式，相关的公司纷纷转用机械臂代替人工进行生产。

第一个机械臂在新泽西州的通用汽车工厂投入使用，负责安置很重的金属工件。这台机械臂重 1.8 吨，售价 25 000 美元。如今，我们已经能看到各种类型的机械臂在全球成千上万的企业中运转工作。2005 年，德沃尔的通用机械臂被《大众力学》杂志评选为"过去 50 年最伟大的 50 项大发明"之一。2011 年，德沃尔因他的发明被选入国家发明家名人堂。德沃尔于 2011 年 8 月 11 日在康涅狄格州去世，享年 99 岁。

<机器人的历史/>

1495 年：意大利发明家达·芬奇设计了人类历史上第一台仿人类的机器人。

1727 年：《钱伯斯百科全书》收录了“android”一词，并在该词条下谈到了德国哲学家和炼金术士阿尔伯特·马格努斯尝试制造的仿人机器。

1899 年：塞尔维亚裔美国人尼古拉·特斯拉向公众展示了第一款遥控车。这辆车可以前进、驻停、左转或右转，还配备了可以开启和关闭的前照灯。

1920 年：在捷克斯洛伐克剧作家卡雷尔·恰佩克撰写的科幻小说中，“机器人”一词首次被使用。

1926 年：女机器人玛丽出现在电影《大都会》中。

1938 年：美国人威拉德·波拉德和哈罗德·罗斯伦德设计了一种可升级的自动喷漆装置。

1941 年：美国作家兼生物化学教授艾萨克·阿西莫夫使用“机器人”一词描述具有人类智慧的机器技术。

1948 年：英国机器人技术先驱威廉·格雷·沃尔特创造了第一批乌龟机器人，名为 Elmer 和 Elsie。它们使用非常简单的电路来模仿动物的行为。

盲人视频游戏

目前针对盲人或视障人士开发的游戏越来越受欢迎。这些游戏采用被称为双耳录音的技术制作。双耳录音使用两个麦克风录制来自四面八方的立体声，以模拟耳朵听到的自然声音。游戏工作者使用此方法记录游戏中每个场景的声音，使玩家沉浸在逼真的环绕音频体验中。

玩家通过耳机收听虚拟世界中的声音并确定其位置。然后，他们使用手机上的触摸屏来控制角色并浏览每个项目。这样就能与游戏互动。

2010 年，英国游戏工作室 Somethin' Else 发行了《耳听揭秘》和类似的一些其他游戏作品。2014 年，法国多维诺工作室发行了一款游戏——《盲者传说》。无视频游戏正在满足全球 2.85 亿盲人或视障人士市场的游戏需求。在 App 市场中，类似的游戏数量也在飞速增长。

来自英格兰曼斯菲尔德的 20 岁盲人游戏玩家内森·埃奇表示："有时候，盲人朋友其实处于一个非常孤立的世界。你想做别人正在做的事情，和伙伴们一起玩同一款游戏。这些游戏让你更能融入社交圈，并给你提供与正常人同样的圈子。但我的视力障碍问题使得我无法体验视力健全的人玩的视频游戏，直到这周末我遇到了《耳听揭秘 2》，我就发现我再也停不下来了。"

1954 年：美国发明家乔治·德沃尔发明了全世界第一款可编程机械臂。

1956 年：全球第一家机器人公司——通用机器人公司由乔治·德沃尔和约瑟夫·恩格尔伯格共同创立。

1961 年：第一个工业机械臂在新泽西州的通用汽车工厂上线，它通过读取存储在磁鼓上的分步操作命令进行工作，主要负责处理热压铸的金属零件。

1963 年：兰彻机械臂研发成功，这是第一台由计算机直接控制的机械臂，它共有 6 个关节，同时具有人类手臂的某些功能。

1965 年：历史上第一个专家系统——专家决策系统诞生。这个系统包含了所有的化学分析知识，可以比人类的有机化学家更快地做出决策，还能提供问题的解决方案。

1970 年：第一款由人工智能控制的自动移动机器人沙基诞生，它使用电视摄像机、激光测距仪和碰撞传感器来收集数据，作为进行移动决策的参考。这台机器人能以约 2 米 / 小时的速度移动。

1974 年：由微型计算机控制的银臂系统诞生，这台工业机器人装配有触摸和压力传感器，可以进行微小零件的精密组装。

1979 年：斯坦福大学研发的智能购物车在没有协助的情况下，可以自动穿过一个充满椅子的房间。它能够判断物体之间的距离并避开它们。

1981 年：日本计算机科学家金出武雄研发了一个直驱动臂，该臂的关节处装有直驱电动机。这使得它们比早期机械臂更快、更精准。

1989 年：麻省理工学院的移动机器人小组研发了步行机器人——成吉思汗，它独特的移动方式被称为“成吉思汗步态”。

1993 年：精工爱普生公司研发了机器人——绅士。它是世界上最小的机器人，并已经被《吉尼斯世界纪录大全》收录。

1994 年：但丁二世机器人进入美国阿拉斯加的斯珀尔山火山口进行探测，它的任务是采集火山内部的气体，以供科学家进行成分分析。

1996 年：麻省理工学院的大卫·巴雷特研发了机器海豚，这个机器被用于研究鱼类的水下运动方式。

1996 年：能和人类一样消化食物，并从中获取能源的美食机器人问世。它能模仿人的胃部功能，将食物转化为碳水化合物或酒精，并为自身提供动力。这套动力装置也被称为“胃引擎”。

1997 年：首届机器人杯足球锦标赛在日本名古屋举行。同年，探路者号登陆火星，并于 7 月初释放携带的火星车索杰纳号到火星表面。直到 9 月份，该火星车一直都在火星表面搜集数据并回传。

1998 年： 乐高公司发布了机器人玩具——思维风暴。圣诞节期间，老虎电子公司正式对外发售菲比精灵，这是一种能对周边环境做出反应的新兴家庭玩具，可以说约 800 个英文短语。

2000 年： 联合国估计全世界共有 742 500 台工业机器人在使用，在日本就有超过总数一半的工业机器人正在忙碌地工作。

2001 年： 空间站远程操纵系统成功发射并进入预置轨道，开始建造国际空间站。

2002 年： 阿西莫是第一个可以独立行走并爬楼梯的机器人，也是第一个在纽约证券交易所敲响开盘钟声的机器人。

2004 年： 爱普生公司研发了世界上最小的微型直升机机器人，它重约 9.8 克，高约 7.1 厘米。同年，伦巴卖出了它们公司的第 100 万台自动机器人吸尘器。

2005 年： 根据国际机器人联合会的预测，智能服务机器人的全球市场规模预计将达到 22 亿美元。

2007 年： 美国国防部高级研究计划局发布了“大挑战”项目，其中包括在模拟的城市环境中进行机器人汽车竞赛。

互联网安全

问题：程序员是什么？

答案：一种能把咖啡转换成代码的超级机器。

如果你经常关注网络新闻媒体，就一定会知道，互联网安全是这一代计算机用户面临的第一大挑战。你在网上购物、办理银行业务、和朋友在线社交，或是远程开展公司工作等，都应了解如何安全地保存私人信息。这可以避免你的身份被冒用、你的财产受到损失、你或者你所在公司的声誉遭到破坏、你的劳动成果甚至是集团的专利知识被第三方窃取等。网络罪犯会破坏人们的正常生产和生活，其手段层出不穷。所以说，这些维护网络稳定、保障数据安全的工程师们才是真正的网络超级英雄！

网络安全工程师分为两大类：一类是为集团公司选择合适的软件和系统、负责保证内部信息安全的工程师，另一类是负责编写这些安全软件和操作系统的代码的工程师。

维护计算机信息安全通常有几种方式。首先，工程师们会在系统设计的开始阶段就进行信息安全防护设计。其次，他们会在发现软件漏洞后对其进行修复和更新推送。再次，他们可以编写独立于本系统的安全防护程序，从一开始就防止犯罪分子以非法的方式进入系统。最后，他们还会与其他安全团队合作，在黑客发现并利用漏洞之前，修复这些薄弱环节。

网络安全工程师可不是一份可以在闲暇时间兼职的临时工作。这类工程师不仅需要对计算机系统有非常深刻的了解，而且需具备可以用多种语言进行编程的能力。如果你接受了与网络安全相关的培训，就有希望找到一份高薪、稳定的好工作。美国劳工统计局的数据显示：从 2012 年到 2022 年，网络安全工作的职业缺口将增长约 37%。

只要有互联网，就会有网络犯罪分子；只要有网络犯罪分子，就需要有才华的程序员来和他们对抗。

1969 年 7 月 20 日，人类第一次登上月球，这要归功于一位年轻聪明的女程序员——玛格丽特。她领导的团队为鹰号登月舱编写了软件控制系统代码。当时，系统固件是用核心导线存储器来编写的。其中，导线以特定方式围绕在金属核心周围或穿过金属核心，以二进制方式（1 和 0）来存储系统代码。如果导线穿过芯线，则表示“1”；如果导线缠绕芯线，则表示“0”。此代码需要纯手工编写，这是非常烦琐且耗时的工作。经过深思熟虑的设计，他们的代码极大地保障了月球着陆的成功率。一旦计算机的工作超过负荷，系统资源耗尽时，这套系统能够帮助计算机去除不必要的线程，这样就能减轻计算机的任务负担。她和她的团队早在阿波罗 11 号发射之前就一直为之努力。

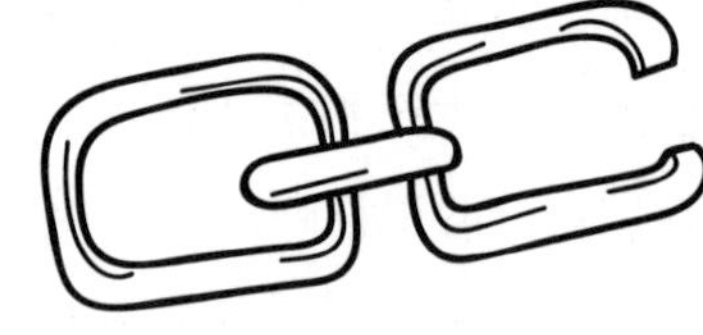

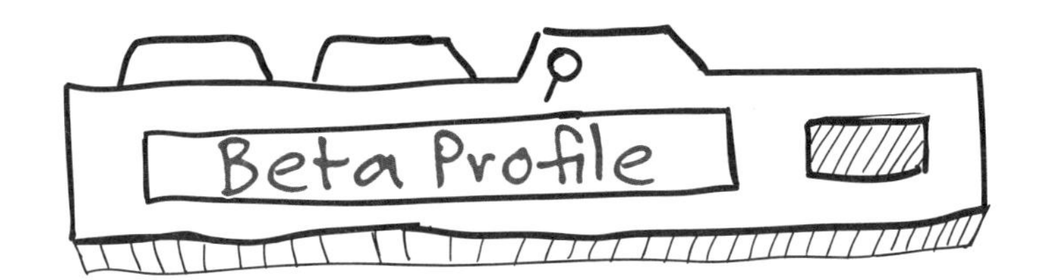

姓名：瑞安·麦克里斯塔

年龄：12 岁

工作（在课余时间）：第七届网络侦探和网络爱国者大赛的全国冠军

你是从什么时候开始对编写计算机程序代码感兴趣的？

四年级时，我的计算机老师为我介绍了拖放式代码编写工具——Scratch。同年，我获得了校内计算机课程的学术鼓励奖。在我五年级的时候，我加入了 Greenfoot Java（一种基于 Java 语言的可视化开发环境）编程俱乐部。到了六年级时，我就开始学习如何使用 ROBOTC 为乐高思维风暴机器人进行编程。我使用自己的 LEGO EV3 机器人参加了弗吉尼亚州的科学奥林匹克机器人技术竞赛。在今年的最后一个季度里，我还学习并使用 3D 可视化模拟软件制作了一个 3D 玩具。

你是如何学习编写计算机程序代码的，你一般都会使用哪些计算机编程语言呢？

我主要是在学校学习与计算机相关的知识，但大部分时间我都会在互联网上进行实践操作。我学习了 TI-BASIC 语言，它主要用于图形计算器的编程，并帮助我快速完成数学作业。我还了解了用于乐高机器人编程的 ROBOTC 语言。另外，我还学习过一些其他语言，诸如 Java 和 Python。

能说说你编写或使用过的程序软件吗？

我使用可视化编程工具 Greenfoot Java 制作了一款计算机小游戏，玩家需要使用爪子来捉绵羊，并躲开随机分布的炸弹。每次抓羊成功都会得到 1 分，而不小心误触炸弹则会减去 10 分。

我编写的另一个程序是帮助我完成数学作业的小工具。这款工具在图形计算器上运行，能够自动快速地求解方程式，就像求解毕达哥拉斯定理的公式一样。我喜欢编写各式各样的程序来帮助我快速完成工作。

你是如何对网络安全产生兴趣的呢？又是哪些因素驱使你加入网络爱国者计划的？

我从我们学校举办的科学、技术、工程和数学（STEM）研讨会上了解到了网络爱国者计划，我觉得这个计划很有趣，因此我决定尝试其中一个课题。在尝试了这个课题之后，我就彻底迷上了这个计划，因此我决定自己创建一个这样的计划小组。

能谈谈你参加比赛前做的赛前计划和具体的比赛过程吗？

网络安全对我来说是一个全新的概念，我认为它不仅有趣，而且非常令人兴奋。比赛开始之前，我就通读了所有的相关培训内容，并熟悉整个赛事。同时我还会关注所有赛事的相关事项，保护计算机免受外部的恶意入侵。在培训模块中，有些信息对我来说是全新的，有些则是我早就已经了解并掌握的，例如添加或删除用户账户、开启病毒防护功能、设置防火墙的具体规则等。

我学习了有关思科网络的基础知识、如何将商务计算机链接到全球网络，以及如何保护不同版本的 Linux 和 Windows 操作系统等。比赛的持续时间很长，但是总体而言非常有趣！这次比赛就像一场游戏，我们做得越好，得到的积分就越多。我也收获了与其他 4 名队友一同奋战的宝贵经历，而且我们非常擅长在规定的期限内合理安排时间、积极高效地解决问题。

从六年级的 9 月到次年 3 月，网络爱国者大赛就是我主要的课外活动。我计划每年都参加网络爱国者大赛，直到我 2021 年高中毕业为止。我弟弟詹姆斯希望在高中阶段也能加入到我的团队中。

你能和我们分享一下你参加网络侦探和网络爱国者全国总决赛的相关经历，以及获胜的感受吗？

那次比赛有 25 个来自其他初高中的团队参加，我们在华盛顿特区附近的国家会议中心参加了全国总决赛。

在赛前，我和我的团队做足了准备，决心全力以赴！除了为所有计算机进行系统安全配置之外，比赛内容还包括阻止实时渗透小组入侵我们的网络。有一次他们设法偷偷溜进来，并在我们的桌面上留下了一个有趣的音符，告知我们“红队在这里”。我们负责保持 Web 服务器的正常运行，而红队则担任攻击角色，试图让我们的服务器宕机。我们保持正常服务的时间越长，获得的积分也就越多。那 4 小时的比赛让我感到非常有趣。

本次决赛的第二部分是数字法庭的取证挑战赛。这对我们的团队来说是一次全新的体验。我们在一个预先设置好的办公室中搜索了数字犯罪证据，并试图通过查看隐藏在闪存上的文件来汇总证据，推断数字犯罪的来龙去脉。整个比赛环节，我们只有 10 分钟的时间可以尝试！数字取证是网络犯罪领域一个新兴且不断发展的领域，这对我们来说也是全新的。我认为明年我们团队一定可以做得更好，因为我们对赛事规则和对手都会有更加全面的了解。

比赛结束时，我们感到非常兴奋，因为我们知道团队已经尽力了。第二天晚上在颁奖典礼上，我得知了我们团队获奖的消息。获胜对我个人来说并不是非常大的惊喜，但这着实让我松了一口气。我们为这次比赛付出了艰苦的努力，现在终于如愿以偿。我明年还想再参加一次。

除了参赛活动之外，全国总决赛还有一些其他的安排。例如主办方邀请我们前往位于弗吉尼亚州麦克莱恩市的诺斯罗普·格鲁曼公司进行实地考察，让我们了解到了许多关于数字取证和大数据分析的新技术。我们参观了安装有大显示器和蓝色指示灯的可移动指挥中心。同时，我们还采访了调查网络犯罪的侦探、负责脸书公司安全事务的负责人等。

你为什么认为自己的同龄人应该学习计算机编程，同时还需要了解网络安全知识?

网络安全的就业前景非常好，并且这方面的职业人才需求目前还在持续性上涨。在全国总决赛中，主办方不断告诉我们，在该行业寻找工作有多么重要。因此，空军协会主办了爱国者网络安全赛事，为青少年提供了解和践行网络安全的方式。任何人都可以无须通过学校等官方途径自主参与其中，我认为参与过大赛的青少年一定会喜欢！

你是如何平衡功课和其他所有活动的？

我一定会先完成学校的作业，而且我参加比赛的工作强度也一定不会超出我的能力范围。我喜欢有空余时间做自己想做的事，例如观看 YouTube 技术频道等。

你对10年后的自己有什么期待吗？

我希望我能进入大学深造，并顺利毕业，然后前往诺斯罗普·格鲁曼公司工作，参与设计安全系统。我也可能会创办一家属于自己的网络安全公司。

010010010010010010010010010010010010010010010010

<网络犯罪如何发生？/>

- 利用包含漏洞但未修补的软件。
- 利用特洛伊木马程序（非自我复制的恶意代码）渗透用户的系统。
- 利用网络钓鱼攻击——目前全世界的电子邮件中有 70% 是垃圾邮件，并且当用户单击附件时，计算机就会被植入恶意代码。

- 利用网络蠕虫（蠕虫是可自我复制，并传播到其他计算机的恶意代码）。
- 利用鱼叉攻击，当向多名员工发送包含特洛伊木马附件的电子邮件时，一旦诱骗一名员工单击附件，该病毒便会感染整个公司。

安全上网

你在现实生活中的个人信息是绝对不应在线共享的，因为这些信息会被有心之人利用，盗窃你的财产、破坏你的声誉，或入侵你的计算机系统。以下是绝不应该透露的关于你、你的亲戚或朋友的信息详单。谨记：如有疑问，请勿分享！若有需要，请务必向值得信任的成年长辈询问并寻求帮助。

1. 全名和年龄。
2. 电话号码和电子邮件地址。
3. 用户名或密码。
4. 身份证号和社会保障卡号。
5. 你居住的地方，包括城市或社区。
6. 你在哪里工作或上学。
7. 信用卡号。
8. 车牌号。
9. 你居住地附近的标志性建筑，例如餐厅、公园和商店。
10. 你是否独自一人在家，何时可能独自一人在家。
11. 宠物的名字（请勿在任何密码中使用宠物的名字）。
12. 可能包含上述任何信息的照片或视频（显示街道名称或门牌号码的房屋照片、显示车牌的汽车图片）。
13. 你不想让你的长辈看到的任何图片或视频。请记住，你的未来雇主可能会在应聘你的时候发现这些资料。

聚焦阅读

亨利·爱德华·罗伯茨（1941—2010），个人计算机之父

亨利·爱德华·罗伯茨于 1941 年 9 月 13 日出生于佛罗里达州的迈阿密。在高中期间，他着迷于电子产品，并制造了一台中继计算机。与此同时，他对医学也怀有很高的热情，一度打算前往医学院深造并成为一名医生。后来，他如愿以偿，进入了迈阿密大学学习医学。机

缘巧合的是，他遇到了一位神经外科医生，这位医生也对电子科技抱有非常浓厚的兴趣，并说服他将其专业改为了电气工程。

罗伯茨在大学期间就与琼·克拉克结婚了。当他们的第一个孩子出生时，他便从大学辍学，同时加入了美国空军。他希望能在飞行员教育计划下完成自己的学业。基于他的电气工程学专业背景，他被分配到得克萨斯州的圣安东尼奥市空军密码学校任教。为了增加收入，他还额外负责几个不同的项目。

1968 年，罗伯茨最终在俄克拉荷马州立大学取得了电子工程学专业的学位，并被分配到新墨西哥州的柯特兰空军基地武器实验室，工作于激光技术研发部门。同年，年仅 27 岁的他想要前往医学院继续进修，但被告知他已经超过了最高进修年龄限制。

虽然感到非常灰心丧气，但未被击败的罗伯茨将全部注意力转移到了电子学上。他创立了自己的电子科学项目——微遥测仪器系统，并开始制造火箭模型的周边设备，后来还制造了电子计算器的零部件。在当时，这是一项极具技术含量且成本高昂的工作。

1973 年，来自其他制造商的竞争迫使他也将公司转向制造可编程计算机。1974 年 12 月 19 日，该公司发布了 Altair 8800，这是一台使用 Intel 8080 微处理器的个人计算机。该机器以套件形式进行出售，价格为 439 美元，组装价格为 621 美元。在发售的前 6 个月里，该公司售出了 5000 多台计算机，并引发了一场个人计算机革命。

1977 年，罗伯茨出售了自己的公司，之后开设了一家蔬菜农场。几年后，他进入默瑟大学医学院学习。在获得了当地居住权之后，他就在佐治亚州的农村定居下来，成为一名小镇社区医生。他在《纽约时报》2001 年的一篇文章中说：“我认为我在这里做出了相当大的贡献。也许我放弃了外面更广阔的世界，但我现在所做的一样很重要。”

在与肺炎进行了一个月的艰苦抗争之后，罗伯茨于 2010 年 4 月 1 日去世。他在计算机领域的贡献为他赢得了“个人计算机之父”的头衔。

与此同时，他一生对农村医学的奉献使他赢得了许多人的关注。罗伯茨还是第一位创造“个人计算机”一词的人。

<网络攻击的类型/>

网络攻击是由一台计算机发起，以另一台计算机或网络服务器为目标的攻击，主要攻击手段是嗅探搜集信息，包括个人身份、信用卡信息、社会保障卡号或银行账号。下面列出了服务器程序员可以防范的一些常见的网络攻击类型。通常情况下，这些攻击是在你从互联网上下载恶意软件后开始的。所有这些攻击都是非法的，也均属于网络犯罪的范畴，发动这些攻击的人都被我们称为网络犯罪分子。

- 蛮力攻击：攻击者使用计算机程序遍历全部字母、数字和特殊符号，并尝试所有可能的密码组合。这样最终可以找到你所使用的密码串。
- 拒绝服务攻击：攻击者通过特定的服务器发送大量的流量或数据，直到服务器系统超载，并导致服务器拒绝服务。在服务器超载瘫痪的情况下，攻击者可能还会找到进一步渗透系统的方法。
- 字典攻击：攻击者利用计算机程序生成字典，并利用所有可能的单词组合来推测你的密码。这种攻击需要在密码中输入你常用的符号和数字，可能包括你的名字、门牌号、出生年月等。
- 恶意软件：攻击者编写特定的计算机代码，破坏计算机上的某些数据或窃取私人信息。
- 密码攻击：攻击者专注于破解用户名和密码组合。
- 网络钓鱼：攻击者试图通过网络通信中的恶意链接，窃取你的用户名、登录密码、信用卡号或银行账户等私密信息。

- 间谍软件：这种类型的恶意软件一旦被植入计算机，便会实时记录用

户的活动。它可以实时搜集键盘输入，并窃取用户密码等私人信息。

- ➪ 病毒：感染计算机的病毒代码可以隐藏在任何地方运行，并自我复制。病毒通过将自身附加到程序或文件中得以生存。
- ➪ 蠕虫：这种计算机程序就像现实世界的病毒，它们可以自我复制。但它们不需要将自己附加到文件中，便可以维持生存，所以它们比一般的计算机病毒危险得多。最普遍的计算机蠕虫是 Conficker，它已经感染了近 900 万台计算机。
- ➪ 零日（Zero Day）漏洞：当黑客在程序开发人员之前发现安全漏洞，就会发生这种情况。一般而言，发现安全漏洞的时间，就是黑客利用漏洞首次展开攻击的时间。这种可以马上利用的致命漏洞就被称为“零日漏洞”。

时间触发的病毒

有时，黑客制造的病毒会先潜入计算机，然后等待特定的时间再进行攻击。以下是一些著名的时间触发病毒案例。

- ➪ 耶路撒冷病毒是计算机历史上最古老、最常见的病毒之一。它会在每月恰好是周五的 13 日破坏受感染的计算机硬盘数据。
- ➪ 米开朗基罗病毒会于每年的 3 月 6 日（米开朗基罗出生于 1475 年 3 月 6 日）被激活，并用随机字符覆盖硬盘上的所有数据，这使得数据几乎没有被恢复的可能。
- ➪ 切尔诺贝利病毒于每年 4 月 26 日被激活（4 月 26 日是切尔诺贝利核电站核泄漏事件的纪念日），这种病毒会擦除硬盘驱动器上的所有数据，并覆盖计算机的 BIOS 芯片，从而使计算机无法正常使用。
- ➪ Nyxem 病毒会在每月的 3 号清除受感染计算机上的用户文件。

姓名：马克·阿姆斯特朗

工作：易购（eBay）网高级 iOS 工程师

你是从什么时候开始对编写计算机程序代码感兴趣，并决定将其作为你职业生涯的发展重点的？

我一直喜欢与计算机打交道，上小学时就开始尝试编程。那时，我使用我们家的家庭计算机（拥有多达 128KB 内存的 Amstrad）采用 BASIC 语言编写游戏代码。在中学期间，我实际上并没有做太多的编程项目。高中毕业后，我成为一名自由职业者，从事一些平面设计工作。随之而来的就是一些简单的网站建设项目，所以我涉猎了一些关于 HTML 和 PHP 的知识。一直到第一部 iPhone 问世，我才真正明确了自己对编程的热爱。

你是通过什么教育/工作途径获得当前的职位的？

当 2007 年推出 iPhone 时，我住在一个名叫约翰·马尔的好朋友的隔壁。他和我都对电子设备十分着迷，我们对这一话题都有巨大的兴趣。当时我们正在思考一条参与软件研发的新渠道。因为当时 iPhone 没有应用程序商店，唯一的选择就是开发 Web 应用程序，或在越狱设备上运行的应用程序（越狱：破解后的 iPhone 设备，可以运行除 Apple 预装应用程序以外的其他应用）。值得庆幸的是，到了 2008 年，美国苹果公司向第三方开发人员开放了 iPhone 应用生态，那时我们才真正决定投入其中。

我们与软件工程师朋友约翰·肯特共同创立了一家名为野蛮人（SavageApps）的软件公司，这位朋友教给我们许多软件工程中使用的原理和最佳实践。时至今日，这些知识对我们的团队起到了至关重要的作用。我们发布过很多款应用程序，试图了解人们会对什么类型的应用感兴趣。我们会思考一些自己认为很棒的想法，并结合已有的开发技能和商业资源来进行尝试。

不久之后，Apple 在应用商店的首页位置推荐了我们的应用程序。我们的下载量从每月约 200 个增加到每天 7 万个。虽然该应用程序是免费的，但我们可以从广告中获得收入，这也足以支撑团队的开销。我们决定选择这条道路，并开始全职为之工作。

在接下来的几年中，我们继续发布现有应用的版本更新，并推出全新的应用程序。但最终，为了照顾我的妻子和家人，我不得不改变我的生活和工作方式，于是我决定重新开始寻找工作。在准备入职 eBay 之前，我也考虑了很多其他公司，并收到了旧金山的一家初创公司的工作邀请，但我并不是特别愿意搬到海湾地区生活。eBay 的移动部门就设在俄勒冈州波特兰市，经过他们 6 位工程师长达一天的面试之后，我得到了入职机会。我在 eBay 度过了 3 年的美好时光，在这里继续学习成长。学习永无止境，科技世界的格局总是在变化，如果你不前进，就会发现自己已被落下很远。

你为什么会选择编写移动应用程序呢？你都编写过什么类型的应用程序？

出于对 iPhone 的热爱，我为之开发了好几款移动应用程序。我喜欢自由地创造，没有什么比从无到有，将想法转化为全世界数以百万人使用的产品更有趣的了。移动应用程序为软件工程师开辟了前所未有的广阔世界。当我在 SavageApps 工作时，我们研发的应用程序致力于帮助没有接受过音乐教育的人，创作属于他们自己的音乐作品。虽然音乐应用是我们的主流业务，但我们还研发了其他非音乐主题的应用程序。当我在 eBay 工作时，我曾在一个名为 eBay Kleinanzeigen（易购小广告）的应用程序上开展工作。我是该项目在美国唯一的工程师，并与在德国柏林的团队协同工作。我负责这个项目大约一年后，便开始转向为 eBay 研发 iPad 端应用程序，最终这个项目被移交给了 iPhone 研发团队。

能谈谈你编写移动应用程序的经历吗?

创建应用程序需要涉及很多方面，尽管这是一个相对重复的过程，但你还是必须从某个步骤开始。通常，你需要进行某种原型设计，按照设计草图和前期预想来推进工作。我指的是用户体验（UX）设计，这其中包括了应用程序的外观、交互功能与可能出现的异常等。应用草图通常采用线框或草稿的形式来构建，它们可能不是最终的定稿设计，但可以使工程师直观了解到我们想要的最终效果。

从草图开始，我们最终会为产品设计一个定稿方案。现在，我们需要开始讨论软件编程部分，编程方案与最终确定的应用程序设计方案有关。我们需要构建哪些用户界面交互元素？需要哪些组件来支持这些元素？所有这些元素之间需要存在什么相互关系？它们将如何交互并相互通信？如何在整个应用程序中处理持久化数据？这类关于编程方案设计的例子和问题不胜枚举。

一位优秀的软件工程师可能会花很多时间在思考上，而不是在编程上。经过深思熟虑和精心实施的解决方案不仅能大大节省编程时间，还能让用户获得更加优良的操作体验。

我们从设计好的草图入手，开始进行编程工作。随之要做的工作便是代码编写、流程评估、功能测试和需求变更等，直到产品完善环节并接受最后的测试。

随着开发工程师的工作接近尾声，质量保证（QA）团队开始测试应用程序，同时软件测试版本（一般称为 Beta 版本）也会尽早地分发给用户试用。所有从质量检查团队和 Beta 测试人员那里收到的反馈意见，将经由项目经理的整理，统一反馈给工程师。接下来工程师则继续负责修复软件错误、优化用户体验。当然，对于像我以前所在的 SavageApps 那样的小型研发团队来说，工程师的数量往往是项目经理和 QA 人员数量的两倍。

在整个工作流程中，你不用担心产品的效果不理想，应该尽可能利用自己手上现有的成品！在移动应用程序开发的道路上，你永远没有一个研发终点。一旦实现该应用程序的一个功能（有时甚至是发布一个版本），你便可以继续设计下一个版本，对产品进行改进、优化以及错误修复。

你的日常工作一般都包括哪些内容呢？

大多数软件工程师的工作日程安排都具有很大的灵活性。有些人喜欢早点开始工作，并按时下班，以便放学后去接孩子。有些人则喜好在深夜工作，上午稍晚一些时间才会到岗开工。当启动一个新项目时，通常会有很多的会议要参加。几乎所有会议都需要研发工程师在场，他们会结合实际情况，从技术角度提出评估反馈，并估算每一个给定任务涉及的工作量。

项目启动后，我们通常每天举行一次“站立”会议，参与开发过程的每个人都要在会上分享他们正在进行的工作，并汇报在工作中遇到了哪些障碍。除了在各地不定期举行的会议之外，我其余时间都花在设计解决方案、对这些新功能模块进行设计编程、修复错误或审阅其他人写的代码上。

我们使用一个被称为代码仓库（pull-request）的管理系统。在该系统中，工程师请求将更改后的代码合并到代码库，由另一位（或两名）工程师检查这些更改，并决定是否批准合并请求。这样做确实要花费大量时间，但有助于避免小的疏忽和错误，从而消灭更大的潜在隐患。

当然，我也偶尔会休息一小会儿，和大厅里的同事们玩桌式足球或喝杯咖啡。但我大部分时间都在计算机前工作，或在会议室召开会议。这项工作并不适合每一个人，但这恰恰就是我喜欢的工作方式！

你对计算机编程行业的未来有什么看法？

我认为，刚刚我们只是探讨了移动应用技术的可能性，未来我们还有许多像机器人和人工智能这样的先进技术趋势，并且我认为技术的井喷趋势目前不会放缓。随着可穿戴设备和物联网的崛起，企业对熟练软件工程师的需求正在持续增长。我觉得未来很难预测，但总之，随着相关技术的不断发展，计算机和互联网还将继续带给我们很多且巨大的机会。

你对有兴趣成为计算机编程工程师的孩子们有什么建议吗？

尽管努力去尝试吧！你只需选择一种自己喜欢的编程语言，然后开始上手学习。对于想学习的人来说，互联网上有很多廉价的在线资源，有些甚至是免费的！当然，你也可以选择参加一些计算机科学课程。永远不要因为成就而满足。去参与！去实践！去探索！

如果你问我该如何学习，我认为最好的学习方法就是实践。实践编程是在有需求、有设备和有互联网连接的条件下很少见的学习机会，你从中可以学到很多东西。此外，如果你决定学习如何在 Ruby on Rails（一个可以使你开发、部署、维护网络应用程序变得简单的框架）中构建 Web 应用程序，或者尝试编写 iOS 或 Android 移动应用程序，那么你只需花一点时间和耐心就可以尝试。可能一开始你会觉得编程并不是真的适合你，但是随着你渐入佳境，你可能会完全爱上计算机编程。

0100100100100100100100100100100100100100100010

延伸阅读

[1] *C++ for Kids: A Fun and Visual Introduction to the Fundamental Programing Language* by Blaise Vanden-Heuvel and John C.Vanden-Heuvel Sr.

[2] *Hello App Inventor!: Android Programming for Kids and the Rest of Us* by Paula Beer and Carl Simmons

[3] *Hello Raspberry Pi!: Python Programming for Kids and Other Beginners* by Ryan Heitz

[4] *Hello World!: Computer Programming for Kids and Other Beginners* by Warren Sande and Carter Sande

[5] *JavaScript for Kids: A Playful Introduction to Programming* by Nick Morgan

[6] *Learn to Program with Scratch: A Visual Introduction to Programming with Games, Art, Science, and Math* by Majed Marji

[7] *PHP and MySQL for Kids: A Playful Introduction to Programming* by Johann-Christian Hanke

[8] *Python for Kids: A Playful Introduction to Programming* by Jason R. Briggs

[9] *Ruby for Kids For Dummies* by Christopher Haupt

[10] *Ruby Wizardry: An Introduction to Programming for Kids* by Eric Weinstein

[11] *Video Game Programming for Kids* by Jonathan S. Harbour

术语解释

algorithm　算法　解决特定问题的公式或步骤集，算法的规则必须是特定的，并且具有明确的开始和结束标志。

analytical　分析　通过分解事物的组成部分或基本运行原理来认知事物。

application　应用　为执行特定任务而编写的软件程序，当被安装到设备上时，它将在操作系统内部运行，直到被完全关闭。另外，安装在移动设备上的应用被称为“移动应用程序”或“App”。

artificial intelligence　人工智能　一种计算机科学的研究分支，使计算机表现得像人一样能够独立思考和学习。该术语由约翰·麦卡锡于1956年创造。

binary　二进制　这种进制方式一般用于计算机系统，只有0和1两个数字。

calculate　计算　用数学方法来测算或确定一个问题的具体结果。

circuit　电路　芯片的另一个名称，又名集成电路（IC）。它是由半导体材料制成的小型电子设备。

coder　编程工程师　指的是能够编写计算机代码的人。

compiler　编译器　一种将高级语言编写的程序翻译成另一种语言（通常是底层机器语言）的特定计算机程序。

CSS　级联样式表　是 HTML 中添加的一项新功能，便于网站开发人员控制页面的显示方式。

cyber　网络　越来越多的术语被加入这个词来作为前缀，这些词用来描述因计算机的普及而可能实现的新功能，或提出的新概念。

data　数据　以特定方式表示的不同信息。数据往往以各种不同的形式存在，例如纸张上的文本，或存储在电子存储器中的字节。

database　数据库　通常缩写为 DB。数据库是互联网基本信息的集合，其组织方式使计算机程序可以快速查询所需数据。你可以将数据库视为多张很大的电子表格。

debug　调试　识别并消除计算机硬件或软件代码中的错误的过程。

deploy　部署　安装、测试并运行计算机系统或应用程序。

digital　数码　任何计算机系统都需要基于不连续的数据或事件。因为计算机本质上是计算数字的机器，所以在最底层级别上它们只能区分 0 和 1 两个值。

domain　域　网络上的一组计算机和设备，这些计算机和设备遵循共同的规则，被划分为独立单元进行管理，规则和单元则由互联网内的互联网协议（IP）地址定义。

downlink　下行链路　在卫星通信中，轨道卫星与地球上一个或多个地面站进行通信的链路。

electronics　电子学　此类科学研究电信号在真空、气体介质或半导体中的运动，以及相关设备和系统的开发应用。

entrepreneur 企业家 通常指那些对企业进行大量投资、承担大多数风险、组织和管理企业生产的个人。

hardware 硬件 你可以真实触摸到的计算机设备或组成部分，例如磁盘、磁盘驱动器、显示屏、键盘、打印机、主板和芯片等。

host 主机 将网站或其他数据存储在专用服务器（也就是服务器主机），或另一台专用计算机上，以便让世界各地的人通过互联网进行远程访问。

hypertext 超文本 一种特殊类型的数据库系统，其中的对象（文本、图片、音乐、程序等）都可以相互链接，并进行跳转。

integrated 集成 计算机流行语，指的是两个或多个组件合并为一个系统。例如，能执行一项以上任务的软件产品，都可以被称为集成产品。术语"集成软件"越来越多地用于指代将文字处理、数据管理、电子制表、即时通信等单个模块融为一体的大型应用程序。

internet 互联网 连接数百万台计算机的全球网络。目前，互联网连接了超过190个国家/地区，这使得全世界的人们都可以实时共享大量的计算数据、时事新闻和个人观点。

internet of things 物联网 所有入网对象（从设备到移动电话）都具有负责搜集和发送数据的传感器，也具有唯一的入网标识符（IP地址）。

IP 一种互联网入网协议，是一组用于规范在互联网中发送或接收数据行为的标准化格式。

ISP 互联网服务提供商 这类提供商可以是商业公司、街道社区，还可以是非营利性组织或私人团体，主要为客户提供互联网接入服务。

lexicon 词典 由特定的计算机专业术语构成的词汇表。

logical　逻辑化思考　能够以清晰一致的方式进行推理分析，论证某个命题的真伪。

microprocessor　微处理器　包含中央处理单元（CPU）的硅质芯片。在个人计算机领域，“微处理器”和“CPU”这两个术语可以互换使用。

modem　调制解调器　允许计算机通过固定电话线路，以拨号连接的方式来传输信息的硬件。

motherboard　主板　微型计算机的主电路板。主板用于连接例如显卡、CPU、硬盘、内存条等计算机硬件。

multithreading　多线程　程序或操作系统能够区分并管理一个以上的用户，在无须运行多个程序副本的情况下，可以同时处理多个请求。

patch　补丁　也称为热修复，专用于快速修复已知软件问题的程序。补丁会一直伴随当前软件而存在，除非研发团队找到了解决方案，并在下一个版本修复问题。

portfolio　技能组合　一组可以展示个人计算机技能的列表。

program　程序　有条理的特定指令或指令集列表，在执行时会让计算机以预定的方式运行。没有程序来指导计算步骤，计算机将毫无用处。

programmer　程序员　负责编写软件代码，或将程序编写到可编程只读存储器（PROM）芯片上的工程师（硬件工程师）。值得注意的是，PROM芯片只能烧录一次数据，烧录后程序不可再被覆盖或更改。

query　查询　由数据库处理的信息检索请求，发起查询命令的方法有3种：从菜单中选择参数、通过程序示例查询、编写特定的数据库查询语言。

RAM　内存　又名随机存取存储器，也叫主存，是与CPU直接交换数据的内部存储器。

ROM　只读存储器　又名只读内部存储器。一旦储存资料，就无法对之进行改变或删除。

script　脚本　又名宏命令，或批处理文件。脚本指无须用户参与交互，即可批量执行的一系列命令的预设列表。

ship　上线　开发完备的计算机程序，已经可供用户下载或购买。

software　软件　计算机指令或数据的集合。简而言之，任何能以电子存储方式保存的都是软件，存储设备和显示器设备则是硬件。

subprogram　子程序　程序中执行特定任务的模块，或者程序中的一小部分。

subroutine　子例程　程序中执行特定任务的部分。

symmetrical multiprocessing　对称多重处理　一种共享公用操作系统和处理器资源的运行方式。处理器共享内存资源、总线资源或数据资源，所有处理器均由独立操作系统的副本控制。

tag　标签　设置文档的一种命令，用于指定全部或某一部分文档的格式。

transistor　晶体管　由半导体材料组成的设备，用于放大信号，或控制电路的开合。

update　更新　对现有软件产品进行二次发布或版本升级，以添加次要功能，或解决之前版本中的设计缺陷。

uplink　上行链路　在卫星通信中，从地面站连接到轨道卫星的通信链路。

URL　网址　又名统一资源定位符，它是万维网上所

有资源的统一通用地址。

vacuum tube　真空管　一种内部几乎呈真空状态的电子元器件，广泛用于无线电和电子产品的研发制造。

validation　验证　判断某些事物的正确性，或看其是否符合特定的评判标准。

webcomic　网络漫画　可在线浏览的漫画图片，尤其是指那些最初发布的在线漫画作品。

white space　留白　指文档中未使用的空白部分，或文本周围的空白。留白有助于分隔文本、图形和其他部分段落，使文档看起来不那么拥挤，并且更易于阅读。

致　谢

我非常感谢安德里亚的辛勤工作，她帮助我梳理了本书的逻辑顺序，不仅保证了孩子们能理解这些有趣又陌生的内容，而且保留了原有的幽默感。

感谢阿登在解释困难概念方面付出的耐心；感谢保罗在编程方面为我提供的专业帮助；也感谢正在阅读本书的你，帮助保证本书的内容尽可能地准确。你的帮助对我而言是无价的，任何错误都将由我来承担责任。